Das Zahlenbuch

Übungsheft
für

....

von

Albert Berger
Ute Birnstengel-Höft
Marlene Fischer
Marlies Hoffmann
Maria Jüttemeier
Ute Müller
Gerhard N. Müller
Erich Ch. Wittmann

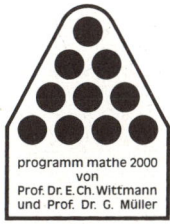

Mathematik im 4. Schuljahr

Ernst Klett Grundschulverlag
Leipzig Stuttgart Düsseldorf

Inhaltsverzeichnis

Auffrischung des Rechnens vom 3. Schuljahr	Halbschriftliche Addition, Subtraktion, Multiplikation und Division	1 – 4
	Schriftliche Addition und Subtraktion; Lösung von Sachaufgaben	5 – 7
Orientierung im Millionraum	Orientierungsübungen, Stellentafel, Zahlenstrahl	8 – 11
Größen und Sachrechnen	Zeit (Sekunde, Minute, Stunde)	12
Rechnen im Millionraum	Halbschriftliche und schriftliche Addition und Subtraktion	13 – 14
Größen und Sachrechnen	Gewicht (Tonne, Kilogramm)	15
Geometrie	Drehsymmetrische Figuren (Spiegelbuch)	16
Rechnen im Millionraum	Halbschriftliche Multiplikation und Division	17 – 18
Schriftliche Rechenverfahren	Einführung der schriftlichen Multiplikation	19 – 20
Geometrie	Körper (Kegel, Zylinder, Pyramide, Kugel, Quader, Würfel)	21
Größen und Sachrechnen	Lösung von Sachaufgaben durch Probieren	22
Schriftliche Rechenverfahren	Einführung der schriftlichen Division; schriftliche Addition, Subtraktion, Multiplikation (auch mit Kommazahlen)	23 – 25
Geometrie	Konstruktionen mit Zirkel und Geodreieck	26
Schriftliche Rechenverfahren	Division mit Rest und von Kommazahlen	27
Größen und Sachrechnen	Aufgaben zur Schlussrechnung	28
Geometrie	Maßstab	29
Zahlenmuster	Gleichungen und Ungleichungen	30
Geometrie	Regelmäßige Vielecke (Zeichenuhr)	31
Schriftliche Rechenverfahren	Division	32
Halbschriftliches Rechnen	Rechenregeln (Punkt vor Strich, Klammern zuerst)	33
Abschließende Wiederholung des 4. Schuljahrs	Grundlegende Inhalte der Arithmetik	34 – 39
	Grundlegende Konstruktionen in der Geometrie	40 – 41
	Grundvorstellungen über Größen	42 – 43
	Grundstrategien zur Lösung von Sachaufgaben	44 – 45
Taschenrechner	„Zahlen treffen", „Möglichst nahe an", „Zahlen vorhersagen"	46

1. Auflage 1 5 4 | 2001 00 99 98
Dieses Werk folgt den Regeln der reformierten Rechtschreibung und Zeichensetzung.
Alle Drucke dieser Auflage können im Unterricht nebeneinander benutzt werden, sie sind untereinander unverändert.
Die letzte Zahl bezeichnet das Jahr dieses Druckes.
© Ernst Klett Grundschulverlag GmbH, Leipzig 1997.
Alle Rechte vorbehalten.
Redaktion: Maria Wieghardt, Verlagsredakteurin
Umschlag: Mit einem Motiv von Rolf Bunse
Illustrationen: Rolf Bunse, Holger Stoldt (S.21)
DTP/DTR: Satz+Layoutwerkstatt Kluth, Erftstadt
Druck: Emil Biehl und Söhne, München
ISBN 3-12-200141-1

Gedruckt auf Recyclingpapier, hergestellt aus 100 % Altpapier.

Bildnachweis:

S.15: RegionalExpressBus: Deutsche Bahn AG (Splittgerber), Berlin; RegionalExpress: Deutsche Bahn AG (Hubrich); Schwebebahn-Gelenkzug: Wuppertaler Stadtwerke AG; Zugspitzbahn: Mauritius (Josef Beck), Stuttgart; S.22: Fuchsie und Geranien: Reinhard-Tierfoto (Hans Reinhard), Heiligkreuzsteinach; S.25: Jugendherberge Brüggen: DJH-Landesverband Rheinland, Düsseldorf.

zu Schülerbuchseite 2/3

❶ a.
Zahl	100	225	320	410	560	675	850
Zahl + 150							

b.
Zahl	550	600	750	775	810	960	1000
Zahl − 550							

❷ a. 478   792   b. 523   ____   c. 694   ____   d. 359   ____
    +314   −314   +297   −297   +187   −287   +486   −486
    ───── ─────   ───── ─────   ───── ─────   ───── ─────
     792   ____   ____   ____   ____   ____   ____   ____

  e. 746   ____   f. 627   ____   g. 287   ____   h. 578   ____
    +259   −259   +295   −295   +654   −654   +325   −225
    ───── ─────   ───── ─────   ───── ─────   ───── ─────
     ____   ____   ____   ____   ____   ____   ____   ____

❸

Seezunge   Scholle   Aal   Kabeljau   Heilbutt
0,53 m   0,34 m   2,27 m   1,05 m   1,80 m
53 cm   ___ cm   ___ cm   ___ cm   ___ cm

❹ a. △ —+100→ ○ —+111→ □   b. △ —−60→ ○ —−40→ □

308		
425		
575		
631		
712		

920		
870		
675		
452		
345		

❺ a. 4·8 = ____   32:8 = ____   32:4 = ____   7·6 = ____   42:6 = ____
     40·8 = ____   320:8 = ____   320:4 = ____   70·6 = ____   420:6 = ____

  b. 35:7 = ____   3·9 = ____   48:6 = ____   5·8 = ____   56:8 = ____
     350:7 = ____   30·9 = ____   480:6 = ____   50·8 = ____   560:8 = ____

❻
9.04	9.19	9.34				

❼ a. 478   713   386   b. 928   795   556
    +223   +176   +342   −631   −393   −198
    ─────   ─────   ─────   ─────   ─────   ─────
    ___ ≈ ___ ___ ≈ ___ ___ ≈ ___   ___ ≈ ___ ___ ≈ ___ ___ ≈ ___

1

zu Schülerbuchseite 4

II

Zeichne ein Schaubild für die durchschnittliche Körpergröße von Mädchen und Jungen.

Alter in Jahren	Geburt	2	4	6	8	10	12	14	16	Erwachsen
Körpergröße Mädchen in cm	51	88	103	117	130	142	154	164	166	168
Körpergröße Jungen in cm	52	89	105	118	131	141	152	166	176	181

Zeichne für 1cm Körpergröße 1mm im Schaubild.
Zeichne die Säulen für die Mädchen rot,
für die Jungen blau.

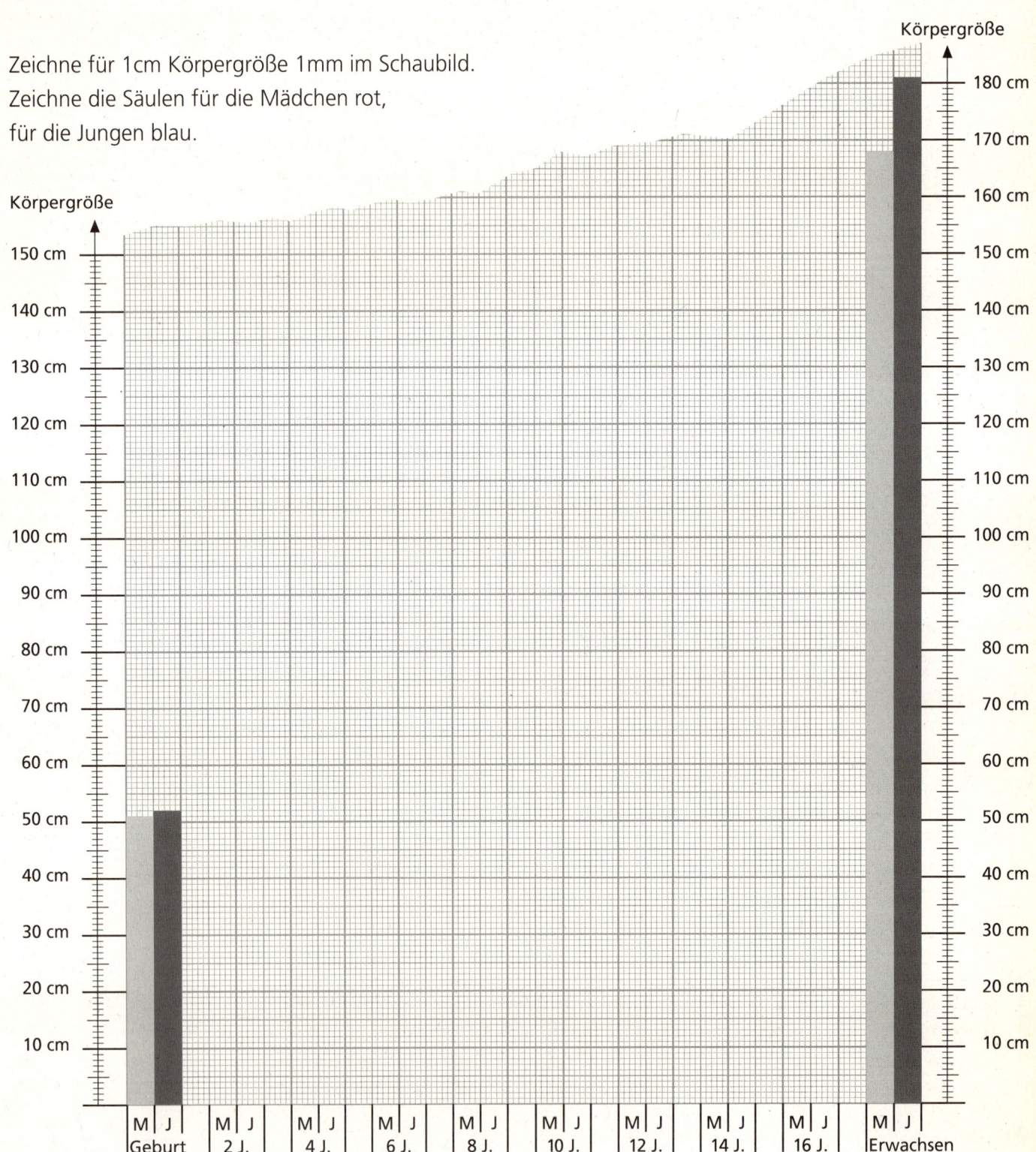

In welchem Alter sind Mädchen durchschnittlich größer als Jungen? _____

zu Schülerbuchseite 6/7

1 Welche Malaufgabe gehört zu welchem Drahtseil? Verbinde und rechne mit dem Malkreuz.

6 · 19 = ____   6 · 24 = ____   6 · 36 = ____   6 · 25 + 7 · 7 = ____ + ____ = ____

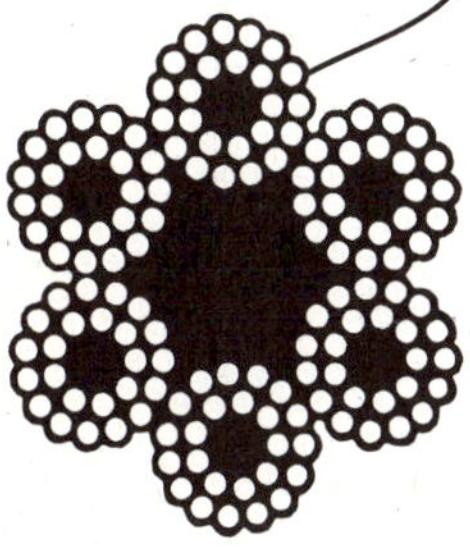

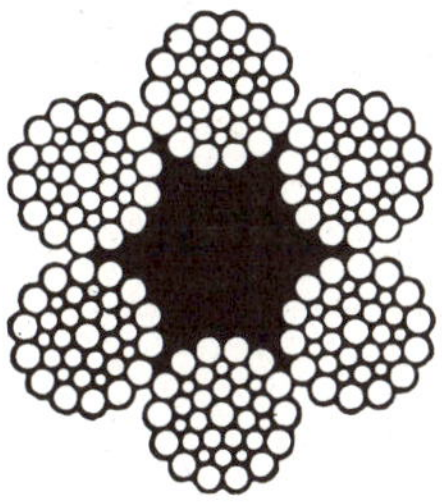

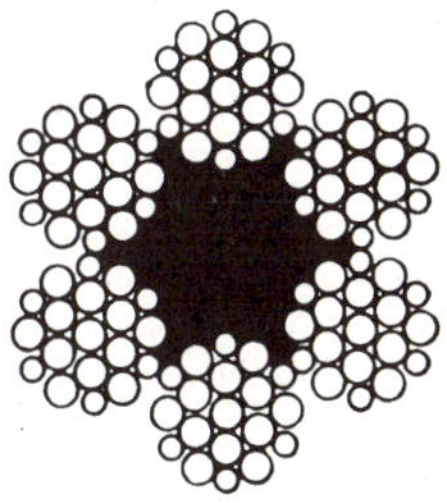

·	10	9
6		

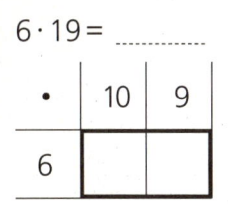 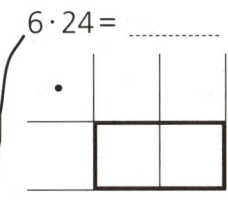 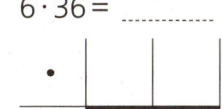

2 5 · 34 = ____   5 · 43 = ____   3 · 54 = ____   3 · 45 = ____   4 · 53 = ____

·	30	4
5		

3 Rechne die Aufgaben zu Ende.

648 : 2 = ___	648 : 3 = ___	648 : 6 = ___	648 : 9 = ___	648 : 9 = ___
600 : 2 = 300	630 : 3 = 210	600 : 6 = ___	630 : 9 = ___	540 : 9 = ___
48 : 2 = ___	18 : 3 = ___	48 : 6 = ___	18 : 9 = ___	108 : 9 = ___

4

936 : 3 = ___	936 : 4 = ___	936 : 6 = ___	936 : 8 = ___	936 : 9 = ___
900 : 3 = ___	800 : 4 = ___	600 : 6 = ___	800 : 8 = ___	900 : 9 = ___
R 36	R 136	R 336	R 136	R ___
30 : 3 = ___	120 : 4 = ___	300 : 6 = ___	80 : 8 = ___	___ : 9 = ___
R 6	R 16	R 36	R 56	R ___
6 : 3 = ___	16 : 4 = ___	36 : 6 = ___	56 : __ = ___	
R 0	R 0	R 0	R ___	

5 Beginne immer mit der leichtesten Aufgabe.

200 : 2 = ___	249 : 3 = ___	160 : 4 = ___	100 : 5 = ___	294 : 6 = ___
130 : 2 = ___	240 : 3 = ___	16 : 4 = ___	600 : 5 = ___	300 : 6 = ___
330 : 2 = ___	231 : 3 = ___	320 : 4 = ___	500 : 5 = ___	288 : 6 = ___
560 : 7 = ___	320 : 8 = ___	72 : 9 = ___	720 : 10 = ___	44 : 11 = ___
567 : 7 = ___	640 : 8 = ___	720 : 9 = ___	600 : 10 = ___	66 : 11 = ___
574 : 7 = ___	64 : 8 = ___	792 : 9 = ___	120 : 10 = ___	22 : 11 = ___

zu Schülerbuchseite 8/9

IV

❶ a. 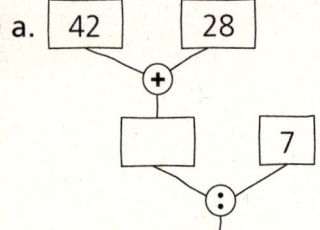   b. 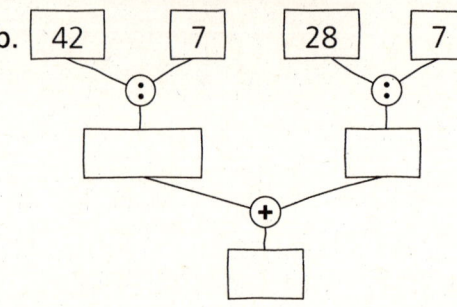   c.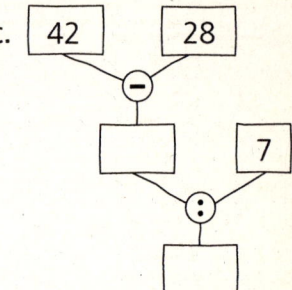

❷ a. 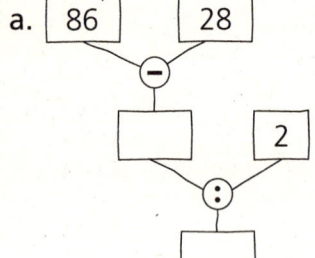   b. 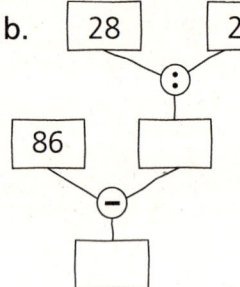   c. 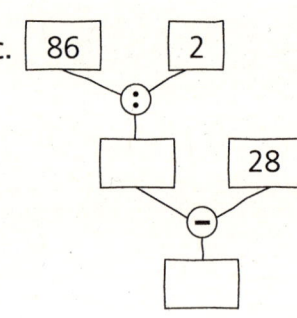   d.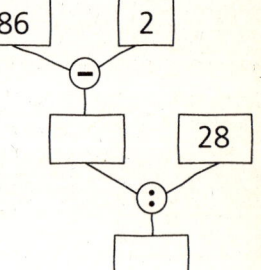

❸ a. 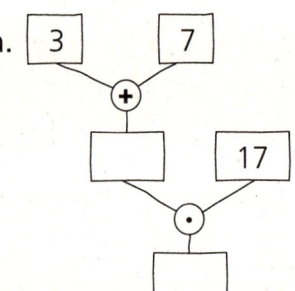   b.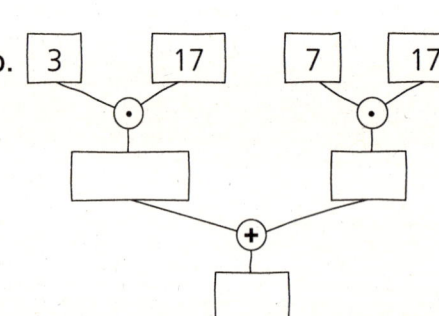

❹ Rechne zuerst die Malaufgaben. Addiere dann die Ergebnisse.

a. $7 \cdot 19 = 70 + 63 = 133$
   $3 \cdot 19 = 30 + 27 = 57$
   $7 \cdot 19 + 3 \cdot 19 = 190$

b. $7 \cdot 13 = $ ....
   $3 \cdot 13 = $ ....
   $7 \cdot 13 + 3 \cdot 13 = $ ....

c. $2 \cdot 27 = $ ....
   $8 \cdot 27 = $ ....
   $2 \cdot 27 + 8 \cdot 27 = $ ....

d. $6 \cdot 18 = $ ....
   $4 \cdot 18 = $ ....
   $6 \cdot 18 + 4 \cdot 18 = $ ....

e. $6 \cdot 24 = $ ....
   $4 \cdot 24 = $ ....
   $6 \cdot 24 + 4 \cdot 24 = $ ....

f. $7 \cdot 34 = $ ....
   $3 \cdot 34 = $ ....
   $7 \cdot 34 + 3 \cdot 34 = $ ....

g. $8 \cdot 17 = $ ....
   $2 \cdot 17 = $ ....
   $8 \cdot 17 + 2 \cdot 17 = $ ....

h. $9 \cdot 16 = $ ....
   $1 \cdot 16 = $ ....
   $9 \cdot 16 + 1 \cdot 16 = $ ....

i. $8 \cdot 28 = $ ....
   $2 \cdot 28 = $ ....
   $8 \cdot 28 + 2 \cdot 28 = $ ....

zu Schülerbuchseite 10/11

1 a.
421	396	197	305	294	690	273	493
+467	+381	+469	+361	+483	+198	+727	+284

b.
309	738	641	504	395	264	679	403
+246	+ 97	+203	+482	+132	+308	+425	+137
+446	+665	+157	+514	+870	+ 86	+301	+209
				+103	+343	+ 95	+252

2 Radsport: Die Rheinland-Pfalz-Rundfahrt 1996 hatte 10 Etappen. Wie lang war die Gesamtstrecke?

1. Etappe ≈ 166 km   4. Etappe ≈ 175 km   7. Etappe ≈ 239 km   10. Etappe ≈ 163 km
2. Etappe ≈ 171 km   5. Etappe ≈ 138 km   8. Etappe ≈ 166 km
3. Etappe ≈ 200 km   6. Etappe ≈ 161 km   9. Etappe ≈ 149 km

3
Zählerstand neu	696	732	951	809	603	979	576	830
Zählerstand alt	448	304	109	525	121	155	328	402
Differenz								

4
956	856	529	743	603	914	801	1246
−819	−485	−392	−372	−466	−543	−664	− 875

5 Finde Aufgaben.

 619   598   97   486   285   187 313   44

a. Die Summe soll kleiner als 700 sein.

  619
+ 44

+ ___   + ___   + ___   + ___   + ___   + ___   + ___

b. Die Differenz soll größer als 300 sein.

  619
− 97

− ___   − ___   − ___   − ___   − ___   − ___

6 Der Fahrrad-Kilometerzähler zeigt:  0779 vor dem Urlaub, 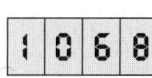 1068 nach dem Urlaub. Wie viele km ist Katrin gefahren?

zu Schülerbuchseite 12/13

VI

1 Prüfe die Rechnung.
Was stimmt hier nicht?

....

Gartencenter Hede

Stückzahl	Artikel	Einzelpreis	Gesamtpreis
15	Heide	2,70 DM	35,50 DM
1	Dünger	4,80 DM	4,80 DM
		TOTAL	40,30 DM

2 Herr Müller stellt sein Auto von 9.31 Uhr
bis 15.15 Uhr auf dem Parkplatz ab.
a. Wie hoch ist die Parkgebühr?

....

b. Wie hoch wäre die Gebühr,
wenn es zwei Personen wären?

....

PARKGEBÜHREN

Bis 2 Std.   3,00 DM
über 2 Std.   4,50 DM
über 3 Std.   6,00 DM   Tageskarte   13,00 DM
über 4 Std.   7,50 DM   Monatskarte 138,00 DM
über 5 Std.   9,00 DM   Verlustkarte   30,00 DM
über 6 Std. 10,50 DM
über 7 Std. 13,00 DM

3 Am Anfang des Jahres hatte ein Dorf 923 Einwohner.
Im Laufe des Jahres wurden 6 Kinder geboren. 9 Einwohner starben.
Außerdem zogen 61 Personen neu zu. 45 Personen zogen weg.
Wie viele Einwohner lebten am Jahresende in dem Dorf?
Ordne die Zahlen und überlege.

....

4 Ein Kunde bringt einen Bierkasten (Pfand 6,00 DM)
und einen Wasserkasten (Pfand 6,60 DM) als Leergut zurück.
Er kauft 1 Kasten Pils für 18,99 DM,
1 Kasten alkoholfreies Bier für 20,99 DM
und 2 Kästen Mineralwasser für je 7,69 DM (Preise ohne Pfand).
Wie viel DM muss der Kunde bezahlen? Zeichne und überlege.

....

5 In der Kasse sind zwei 100-DM-Scheine, vier 50-DM-Scheine,
fünf 20-DM-Scheine und vier 10-DM-Scheine.
Verteile die Scheine an 3 Personen so, dass jede Person
den gleichen DM-Betrag und gleich viele Scheine erhält. Lege und überlege.

....

6

VII zu Schülerbuchseite 14/15

1 Aus einer Leiste von 3 m Länge soll ein Bilderrahmen gebaut werden.
   a. Wie viel cm Leiste bleibt übrig?

   ....

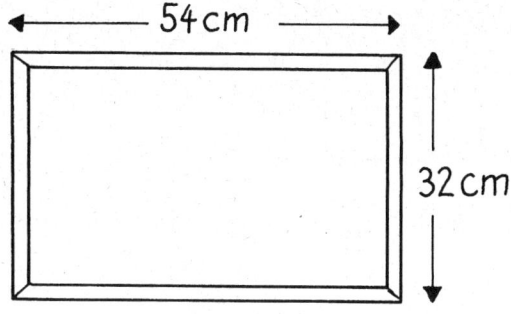

   b. Kann aus dem Leistenrest noch ein Rahmen für dieses Bild gebaut werden?

   ....

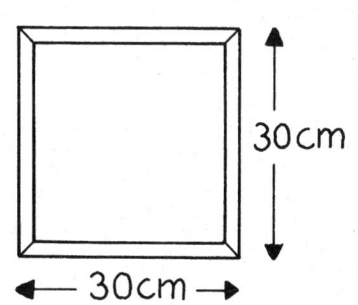

2 Jutta will ein großes Paket so verschnüren. Wie lang muss die Schnur sein? Schätze und rechne.

   ....

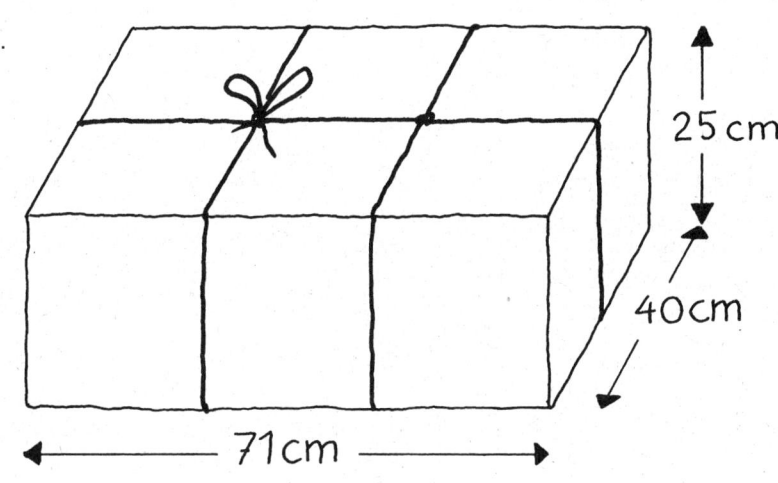

3 Ein rechteckiger Garten von 12 m Breite und 16 m Länge soll eingezäunt werden.
   a. Wie viel m Zaun werden benötigt?

   ....

   b. Die Pfosten sollen im Abstand von 2 m stehen. Wie viele Pfosten werden benötigt?

   ....

   c. Wie viele Meterquadrate ist der Garten groß?

   ....

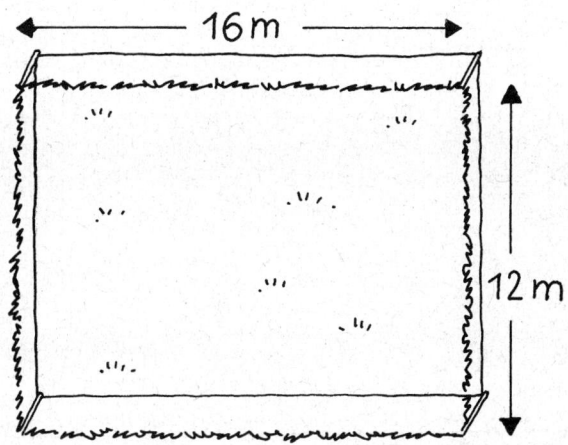

zu Schülerbuchseite 16/17 — VIII

1 Schreibe in Ziffern.

87 volle Tausender, 319 im angefangenen Tausender _____
319 volle Tausender, 87 im angefangenen Tausender _____

595 volle Tausender, 59 im angefangenen Tausender _____
59 volle Tausender, 595 im angefangenen Tausender _____

99 volle Tausender, 9 im angefangenen Tausender _____
9 volle Tausender, 99 im angefangenen Tausender _____

101 volle Tausender, 111 im angefangenen Tausender _____
11 volle Tausender, 100 im angefangenen Tausender _____

111 volle Tausender, 10 im angefangenen Tausender _____
10 volle Tausender, 1 im angefangenen Tausender _____

2 Zähle in Schritten.

a. 8 000, 9 000, ____, ____
   18 000, 19 000, ____, ____
   118 000, 119 000, ____, ____

b. 78 000, 79 000, ____, ____
   78 000, 88 000, ____, ____
   78 000, 178 000, ____, ____

c. 50 000, 50 100, ____, ____
   50 000, 51 000, ____, ____
   50 000, 60 000, ____, ____

d. 900 500, 900 550, ____, ____
   900 050, 900 055, ____, ____
   905 000, 905 500, ____, ____

3
a. Immer 1 000
935 + ____
825 + ____
715 + ____
605 + ____
495 + ____

b. Immer 1 000 000
935 000 + ____
825 000 + ____
715 000 + ____
605 000 + ____
495 000 + ____

4 Immer 1 000 000

a. 700 000 + ____
   70 000 + ____
   7 000 + ____
   77 000 + ____
   777 000 + ____

b. 855 000 + ____
   85 000 + ____
   944 000 + ____
   94 000 + ____
   999 999 + ____

5 Ergänze zum nächsten Tausender

a. 290 + ____ = 1 000
   7 290 + ____ = 8 000
   17 290 + ____ = 18 000

b. 510 + ____ = ____
   2 510 + ____ = ____
   42 510 + ____ = ____

c. 60 + ____ = ____
   4 060 + ____ = ____
   14 060 + ____ = ____

d. 370 + ____ = ____
   130 370 + ____ = ____
   13 370 + ____ = ____

e. 30 + ____ = ____
   30 030 + ____ = ____
   300 030 + ____ = ____

f. 199 + ____ = ____
   9 199 + ____ = ____
   99 199 + ____ = ____

6 In Köln leben ungefähr 964 000 Menschen. Wie viele Einwohner fehlen bis zur Millionenstadt? _____

zu Schülerbuchseite 18/19

❶ Einwohnerzahlen der 16 Landeshauptstädte. Ordne der Größe nach.

Berlin	(B)	3 472 000	1.	Hannover	(H)	526 000	Potsdam	(P) 138 000
Bremen	(HB)	549 000		Kiel	(KI)	247 000	Saarbrücken	(SB) 189 000
Dresden	(DD)	474 000		Magdeburg	(MD)	265 000	Schwerin	(SN) 118 000
Düsseldorf	(D)	573 000		Mainz	(MZ)	185 000	Stuttgart	(S) 588 000
Erfurt	(EF)	213 000		München	(M)	1 245 000	Wiesbaden	(WI) 266 000
Hamburg	(HH)	1 706 000						

B, HH, _____

❷ Vergleiche. < oder = oder > ?

a. 98 016 ▪ 98 106   b. 56 306 ▪ 56 036   c. 117 117 ▪ 117 711   d. 33 538 ▪ 33 538
   74 328 ▪ 74 238   99 718 ▪ 99 178   39 018 ▪ 390 018   798 462 ▪ 794 862
   569 406 ▪ 569 406   784 512 ▪ 748 512   840 513 ▪ 840 153   47 873 ▪ 477 873
   600 572 ▪ 600 275   133 803 ▪ 133 803   532 849 ▪ 352 849   304 919 ▪ 340 919
   137 437 ▪ 317 437   4 526 ▪ 45 526   23 356 ▪ 233 356   58 238 ▪ 52 838

❸ Rechne mit Tausendern wie mit Einern.

a. 873   873T   873 000   b. 564   564T   564 000   c. 198   198T   198 000
   + 29   + 29T   + 29 000   − 76   − 76T   − 76 000   +198   +198T   +198 000
   ─────   ─────   ────────   ─────   ─────   ────────   ─────   ─────   ────────

d. 487   487T   487 000   e. 724   724T   724 000   f. 486   486T   486 000
   −259   −259T   −259 000   −368   −368T   −368 000   + 79   + 79T   + 79 000
   ─────   ─────   ────────   ─────   ─────   ────────   ─────   ─────   ────────

g. 398   398T   398 000   h. 921   921T   921 000   i. 101   101T   101 000
   +598   +598T   +598 000   − 84   − 84T   − 84 000   − 57   − 57T   − 57 000
   ─────   ─────   ────────   ─────   ─────   ────────   ─────   ─────   ────────

❹ Ergänze zum nächsten Hunderttausender.

a. 420 000 + _____ = 500 000   b. 810 000 + _____ = _____   c. 330 000 + _____ = _____
   425 000 + _____ = 500 000   815 000 + _____ = _____   333 000 + _____ = _____
   425 500 + _____ = 500 000   815 400 + _____ = _____   333 300 + _____ = _____

d. 570 000 + _____ = _____   e. 940 000 + _____ = _____   f. 760 000 + _____ = _____
   571 000 + _____ = _____   949 000 + _____ = _____   768 000 + _____ = _____
   571 900 + _____ = _____   949 400 + _____ = _____   768 080 + _____ = _____

❺ Wie viele DM sind 1 Million Pfennig?

_____

① Schreibe die Zahlen mit Ziffern und lies die Zahlen.

a. | M | HT | ZT | T | H | Z | E | | M | HT | ZT | T | H | Z | E | | M | HT | ZT | T | H | Z | E |
   .. · . ..   · ... .. · ..   ... · · ..

b. | M | HT | ZT | T | H | Z | E | | M | HT | ZT | T | H | Z | E | | M | HT | ZT | T | H | Z | E |
   .. · ..   · .. ·   .. ·

② Lies die Zahlen und schreibe sie mit Ziffern.
  a. neunundsiebzigtausendfünfhundertachtzig _____
  b. sechshundertfünftausenddreihundertzwölf _____
  c. vierhundertvierzigtausendvierhundertvier _____
  d. zweimillionendreihundertvierzehntausendneunhunderteins _____
  e. fünfmillionenfünftausendfünfhundertfünfundfünfzig _____

③ Monika legt die Zahl 825 764. Mario nimmt ein Plättchen weg.
  Welche Zahl kann es jetzt sein?

④ Bilde mit den Ziffern 3, 6, 9 alle dreistelligen Zahlen. Vervollständige das Baumdiagramm.

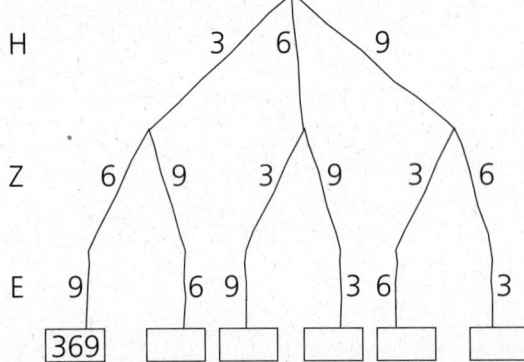

⑤ Bilde mit den Buchstaben A, S, U alle möglichen Kombinationen. Zeichne dazu das Baumdiagramm weiter.

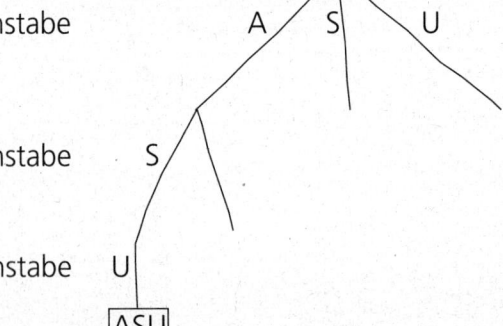

⑥ Ina, Eva und Pascal sitzen nebeneinander auf einer Bank.
  Auf wie viele verschiedene Weisen können sie sich nebeneinander setzen?
  Zeichne oder schreibe alle Möglichkeiten auf.

XI   zu Schülerbuchseite 24/25

1 a. Zähle in Tausenderschritten weiter, beschrifte die Zahlenreihe.

46 000   47 000   ....

b. Zeichne ein: Wo ungefähr liegen die Zahlen: 47 500, 49 900, 50 001, 51 750, 52 999?

2 a. Zähle in Zehntausenderschritten weiter.

460 000   470 000   ....

b. Zeichne ein: Wo ungefähr liegen die Zahlen: 469 000, 485 000, 490 010, 515 000, 520 001?

3 a. Zähle in Hunderttausenderschritten weiter.

200 000   300 000   ....

b. Zeichne ein: Wo ungefähr liegen die Zahlen: 360 000, 425 000, 500 050, 666 666, 890 000?

4 Schreibe die Nachbarzahlen auf.

99 989, 99 990, 99 991   ...., 300 001, ..., 500 005, ..., 600 000, ...
........, 99 980, ..., 300 010, ..., 500 500, ..., 700 000, ...
........, 99 890, ..., 300 100, ..., 550 000, ..., 800 000, ...
........, 99 860, ..., 301 000, ..., 500 050, ..., 900 000, ...
........, 99 999, ..., 310 000, ..., 505 000, ..., 1 000 000, ...

5 a. Immer 1 000   Immer 1 000 000   b. Immer 1 000   Immer 1 000 000
    348 + ...   348 000 + ...   555 + ...   555 000 + ...
    438 + ...   438 000 + ...   666 + ...   666 000 + ...
    843 + ...   843 000 + ...   777 + ...   777 000 + ...

6 Wie viele km sind es noch?

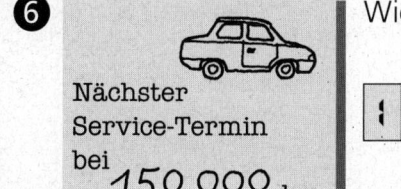

Nächster Service-Termin bei 150 000 km

| 1 3 2 4 6 9 | 1 4 8 5 4 2 | 1 5 0 3 2 5 | 1 4 1 0 3 7 |

.... km   .... km   .... km   .... km

11

zu Schülerbuchseite 28/29 — XII

1 Wie spät ist es?

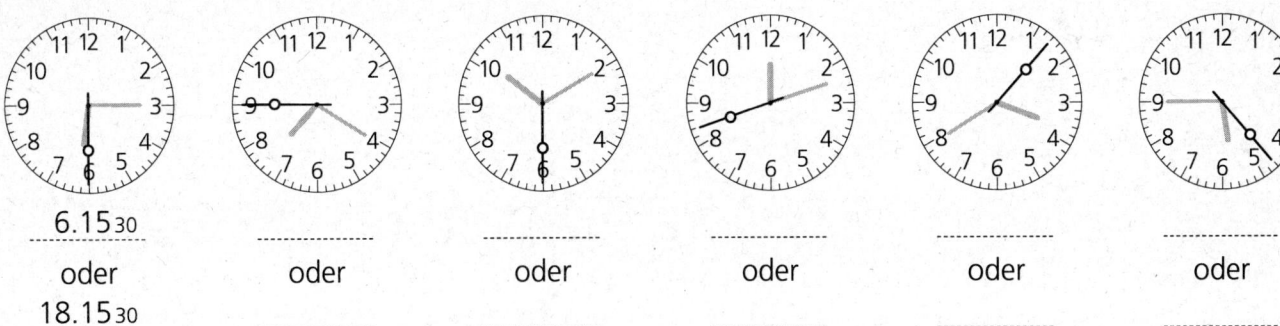

6.15 30
oder
18.15 30

2 Bestimme die Anzeige 5 Sekunden später.

Anzeige	2.39 45	5.00 00	9.14 53	10.09 55	19.00 59	19.59 55	0.00 05
5 s später							

3 Eine CD enthält 8 Musikstücke mit folgender Spieldauer:

1 22:34   **2** 3:56   **3** 4:50   **4** 4:36
5 4:32   **6** 5:15   **7** 14:58   **8** 4:52

Die gesamte Spieldauer ist mit 65:09 (= 65 Minuten und 9 Sekunden) angegeben. Kann das stimmen?
Überprüfe auch an einer anderen CD.

4

Zeit	1 min	10 min	30 min	1 h	$\frac{1}{2}$ h	$\frac{1}{4}$ h	8 h	1 Tag	$\frac{1}{2}$ Tag
Sekunden	60 s			3 600 s				86 400 s	

5 Ein Fußgänger legt in 1 Sekunde etwa 1 m zurück. Für 100 m braucht er etwa 100 Sekunden.
Die schnellsten Sprinter der Welt brauchen für 100 m etwa 10 Sekunden.

a. Die schnellsten Läufer benötigen für 5 000 m etwa 15 Minuten.
Wie lange brauchen sie durchschnittlich für 100 m?
Löse mit einer Tabelle.

5 000 m	
1 000 m	
100 m	

b. Die besten Marathonläufer benötigen für etwa 40 km ungefähr 2 Stunden.
Wie viele Sekunden brauchen sie für 100 m?

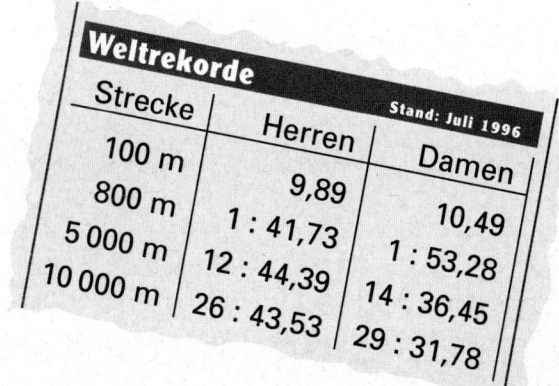

Weltrekorde Strecke	Herren	Damen
100 m	9,89	10,49
800 m	1 : 41,73	1 : 53,28
5 000 m	12 : 44,39	14 : 36,45
10 000 m	26 : 43,53	29 : 31,78

Stand: Juli 1996

zu Schülerbuchseite 30/31

1 Runde alle Zahlen in der Tabelle auf glatte Tausender.

Bevölkerungszahlen	bis 15 Jahre		15–64 Jahre		über 64 Jahre	
	männlich	weiblich	männlich	weiblich	männlich	weiblich
Dänemark	453 600	432 300	1 774 500	1 726 000	330 900	471 300
	≈ 454 000	≈ _____	≈ _____	≈ _____	≈ _____	≈ _____
Deutschland	6 814 500	6 464 100	28 364 800	27 264 000	4 254 000	8 017 800
	≈ _____	≈ _____	≈ _____	≈ _____	≈ _____	≈ _____
Schweiz	603 400	573 100	2 368 600	2 349 200	416 900	627 100
	≈ _____	≈ _____	≈ _____	≈ _____	≈ _____	≈ _____

Rechne alle folgenden Aufgaben mit glatten Tausendern.

2 a. In Dänemark leben _____ Kinder bis 15 Jahre.
b. In der Schweiz leben _____ Kinder bis 15 Jahre.

3 a. In Dänemark leben _____ Senioren über 64 Jahre.
b. In der Schweiz leben _____ Senioren über 64 Jahre.

4 a. In Dänemark leben _____ Mädchen und Frauen.
b. In der Schweiz leben _____ Mädchen und Frauen.

5 a. In Dänemark leben _____ Jungen und Männer.
b. In der Schweiz leben _____ Jungen und Männer.

6 In Deutschland leben _____ Kinder.

7 In Deutschland leben _____ Senioren.

8 280 – 40 = _____		420 – 6 = _____		540 – 9 = _____
280T – 40T = _____		420T – 6T = _____		540T – 9T = _____
280 000 – 40 000 = _____	420 000 – 6 000 = _____	540 000 – 9 000 = _____

9 810 – 70 = _____		160 – 4 = _____		720 – 8 = _____
810T – 70T = _____		160T – 4T = _____		720T – 8T = _____
810 000 – 70 000 = _____	160 000 – 4 000 = _____	720 000 – 8 000 = _____

10 a. Meine Zahl ist um 250 000 größer als 750 000.	b. Meine Zahl ist um 250 000 kleiner als 750 000.
Meine Zahl heißt _____ .					Meine Zahl heißt _____ .

zu Schülerbuchseite 32/33

XIV

❶ Rechne und setze fort.

a. 1 234   2 345   3 456   4 567
   + 2 889   + 2 889 + 2 889   +   +   +   +

b. 9 876   8 765   7 654   6 543
   − 1 976 − 1 976 − 1 976   −   −   −   −

❷
  12 000   16 775   19 798   42 700   47 718   1 706
  +   687   + 1 018   + 14 891 + 3 929   + 9 876   + 29 880
  + 5 906   + 10 800 + 3 904 + 1 964   +   999   + 37 007

Welche Ziffern fehlen?

❸ a. 18 168   b. 2 843▮   c. 6 341   d.   5▮9   e. 2 48▮   f. 47 86▮
    + 2▮ 7▮4▮2   + 2▮ 4▮81   + ▮▮4▮   + 6 23▮6   + ▮65   + ▮▮2▮3
    ──────────   ──────────   ──────   ──────   ──────   ──────
      47 91▮   51 913   9 283   9 745   27▮8   ▮0 126

❹ a. 58 910   b. ▮2 227   c. 87▮▮0   d. ▮▮60▮   e. 106 938   f. 1▮5 801
    − 1▮ 4▮5▮6   − 1▮5▮6▮2   − 20 1▮8▮4   − ▮6▮8▮20   − ▮▮▮▮40   − ▮2▮8▮9▮2
    ────────── ──────────   ──────────   ──────────   ──────────   ──────────
      ▮5 454   56 56▮   ▮767▮   8 787   89 898   90▮▮0

❺ Hüpf in der Reihe!

a. 11 099   9 602   10 237   10 638   9 940   10 101   Ziel ↓
    − 998   + 1 036   − 9 126   − 698   + 297   − 499   1 111

b. 16 623   12 111   15 990   14 722   11 046   15 576   Ziel ↓
    − 1 047 − 1 065 − 3 879   + 1 268 + 3 954 − 854   15 000

❻ Nimm die Ziffern ②, ④, ⑤, ⑦, ⑧.

Bilde daraus die größte und die kleinste Zahl und subtrahiere.
Mache mit dem Ergebnis ebenso weiter.

  87 542   96 642
 − 24 578   − 24 669   −   −   −
  ──────   ──────
  62 964

14

XV

zu Schülerbuchseite 34/35

Seilbahn

Wuppertaler Schwebebahn

Linienbus

Nahverkehrszug

1 Verkehrsmittel dürfen verschieden viel Gewicht zuladen.
Trage in die Stellentafel ein, gib die Nutzlast in Kilogramm an.

	Nutzlast in t
Seilbahn	6,4 t
Reisebus	3,355 t
Personenaufzug	0,64 t
Linienbus	9,164 t
Schwebebahn	13,325 t
Nahverkehrszug	67 t

1 t	100 kg	10 kg	1 kg	
6	4	0	0	6 400 kg
				.... kg
				.... kg
				.... kg
				.... kg
				.... kg

2
a. Immer 1 t
513 kg + 487 kg
108 kg + ...
68 kg + ...
905 kg + ...
4 kg + ...

b. Immer 1 t
403 kg + ...
397 kg + ...
70 kg + ...
506 kg + ...
440 kg + ...

c. Immer 2 t
508 kg + 1 492 kg
57 kg + ...
379 kg + ...
463 kg + ...
99 kg + ...

d. Immer 2 t
788 kg + ...
887 kg + ...
325 kg + ...
532 kg + ...
72 kg + ...

3 Berechne die fehlenden Gewichtsangaben.

Fahrzeug	zulässiges Gesamtgewicht	Leergewicht	Nutzlast
Pkw	1 230 kg	785 kg	....
Linienbus	17 200 kg	10 536 kg	....
Straßenbahn	49 440 kg	....	14 690 kg
Kleinlaster	7 500 kg	....	3 966 kg
Sportflugzeug	2 945 kg	....	182 kg

4  Wie schwer sind 1 Million Pfennige?
1 Pfennig wiegt 2 g. _____

zu Schülerbuchseite 36/37

XVI

Stelle dein Spiegelbuch auf die dicken Linien.
Schau dir die entstehende Figur genau an.
Vervollständige genau so im Gitter.

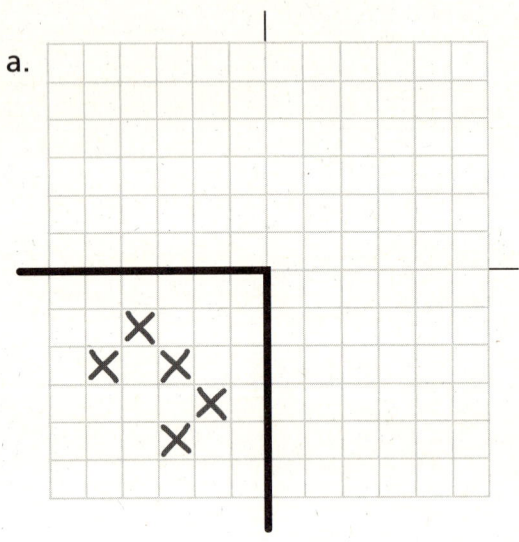

a.

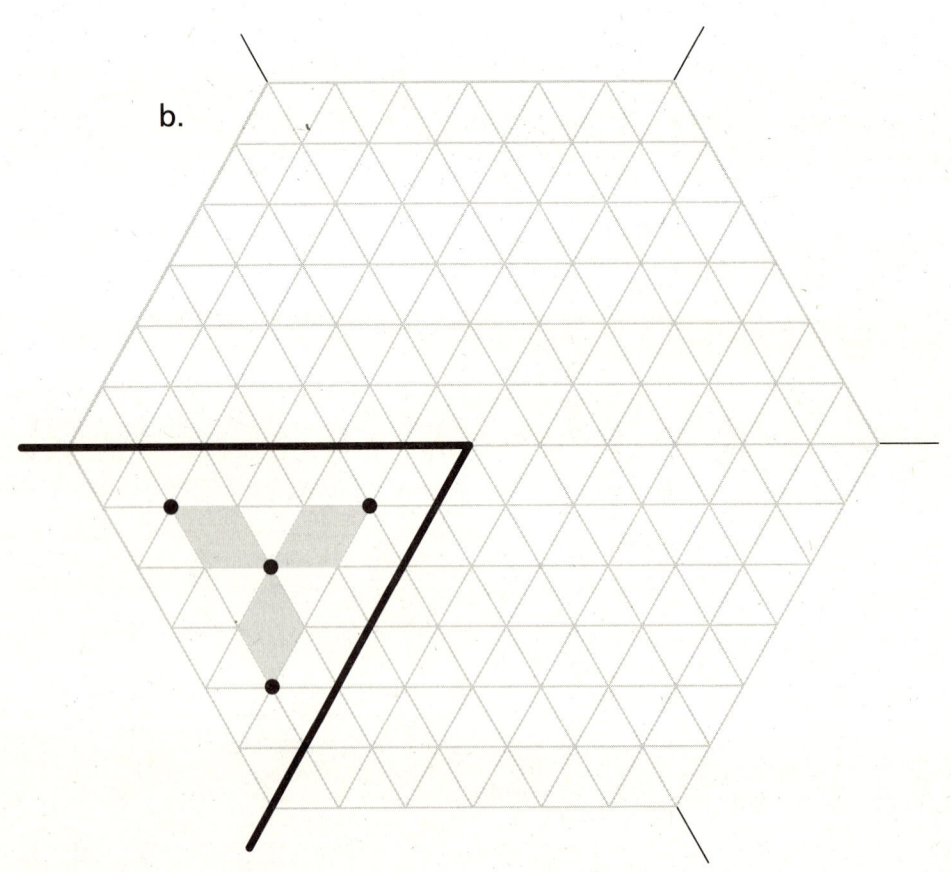

b.

XVII

zu Schülerbuchseite 38/39

1 a.

5 600	56 000
8 · 700	

b.

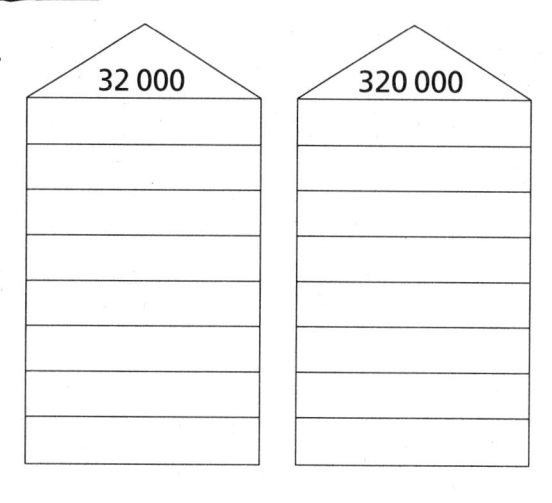

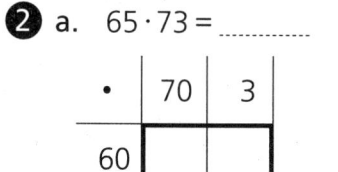

32 000	320 000

2 a. 65 · 73 = _____ 63 · 75 = _____   b. 36 · 57 = _____ 56 · 37 = _____

·	70	3
60		
5		

·	70	5
60		
3		

·	50	7
30		
6		

·	30	7
50		
6		

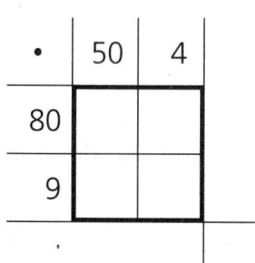

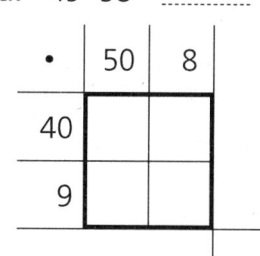

c. 89 · 54 = _____ 84 · 59 = _____   d. 49 · 58 = _____ 48 · 59 = _____

·	50	4
80		
9		

·	50	9
80		
4		

·	50	8
40		
9		

·	50	9
40		
8		

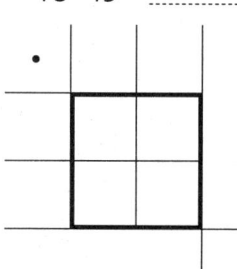

3 9 · 98 = _____ 18 · 49 = _____

4 a. 15 · 2 002 = _____   b. 10 · 504 = _____
    30 · 1 001 = _____   5 · 1 008 = _____

5 Wie viele Tage etwa dauert der Winterschlaf? Rechne mit 30 Tagen pro Monat.

Tier	Dauer des Winterschlafs
Siebenschläfer	7 Monate ≈ ____ Tage
Fledermaus	5 Monate ≈ ____ Tage
Grasfrosch	$4\frac{1}{2}$ Monate ≈ ____ Tage
Igel	$3\frac{1}{2}$ Monate ≈ ____ Tage
Eichhörnchen	3 Monate ≈ ____ Tage

zu Schülerbuchseite 40/41

XVIII

1 Zerlege in gleiche oder fast gleiche Zahlen.

8 000 = 4 000 + _____   5 000 = _____ + _____   12 000 = _____ + _____   16 000 = _____ + _____
370 = _____ + _____   640 = _____ + _____   455 = _____ + _____   280 = _____ + _____
8 370 = _____ + _____   5 640 = _____ + _____   12 455 = _____ + _____   16 280 = _____ + _____

2 a.
608 : 2 = _____   912 : 3 = _____   5 025 : 5 = _____   6 018 : 3 = _____   4 044 : 4 = _____
600 : 2 = _____   900 : 3 = _____   5 000 : 5 = _____   6 000 : 3 = _____   4 000 : 4 = _____
8 : 2 = _____   12 : 3 = _____   25 : 5 = _____   18 : 3 = _____   44 : 4 = _____

b. 8 012 : 4 = _____   5 125 : 5 = _____   12 012 : 6 = _____   14 140 : 7 = _____   25 050 : 5 = _____
8 000 : 4 = _____   5 000 : 5 = _____   12 000 : 6 = _____   14 000 : 7 = _____   25 000 : 5 = _____
12 : 4 = _____   125 : 5 = _____   12 : 6 = _____   140 : 7 = _____   50 : 5 = _____

3
598 : 2 = _____   5 997 : 3 = _____   1 194 : 6 = _____   995 : 5 = _____   7 996 : 4 = _____
600 : 2 = _____   6 000 : 3 = _____   1 200 : 6 = _____   1 000 : 5 = _____   8 000 : 4 = _____

4 a.

Zahl	3 300	4 600	5 150	7 550	8 250
Zahl · 2					

b.

Zahl	2 010	3 060	4 120	5 225	10 115
Zahl · 2					

c.

Zahl	3 600	4 200	5 100	7 200	8 800
Zahl : 2					

d.

Zahl	2 010	3 060	4 120	5 220	10 110
Zahl : 2					

5 a.
Start 36 —:4→ _____ —:3→ _____ Ziel
360 _____ _____
3 600 _____ _____

Start 36 —:12→ _____ Ziel
360 _____
3 600 _____

b. Start 56 —:2→ _____ —:4→ _____ Ziel
560 _____ _____
5 600 _____ _____

Start 56 —:8→ _____ Ziel
560 _____
5 600 _____

c. Start 85 —:5→ _____ Ziel
125 _____
1 600 _____

Start 85 —·2→ _____ —:10→ _____ Ziel
125 _____ _____
1 600 _____ _____

d. Start 85 —·5→ _____ Ziel
125 _____
1 600 _____

Start 85 —·10→ _____ —:2→ _____ Ziel
125 _____ _____
1 600 _____ _____

6 Wie viel DM muss jede bezahlen?

a. 3 Freundinnen kaufen sich für die Ferien ein Zelt für 378,– DM.

b. Am Ende des Urlaubs bezahlen sie 186,– DM für den Zeltplatz am See.

zu Schülerbuchseite 45

XIX

1 a. 667 · 3 = _____   667 · 33 = _____   667 · 333 = _____

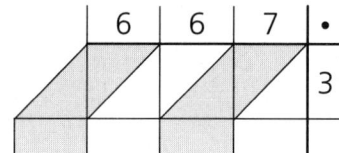 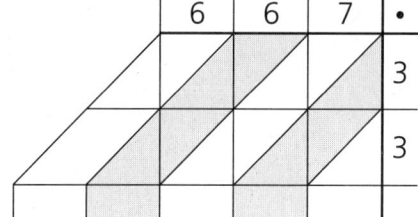 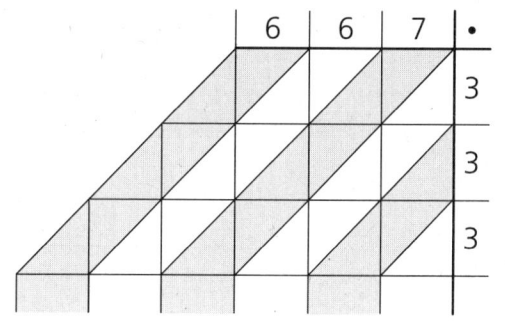

b. 778 · 9 = _____   778 · 99 = _____   778 · 999 = _____

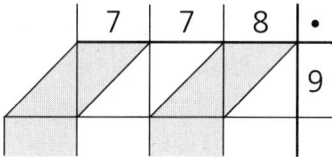 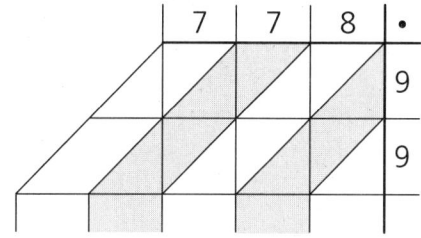 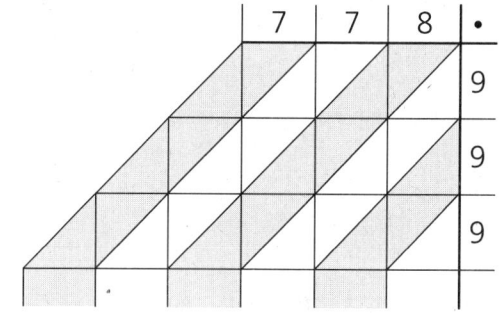

c. 667 · 36 = _____   667 · 63 = _____   667 · 99 = _____

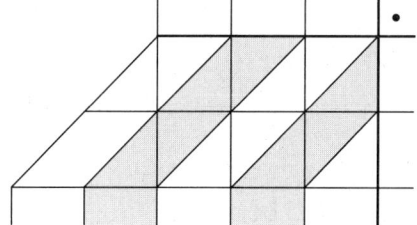 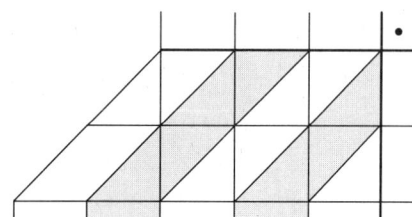 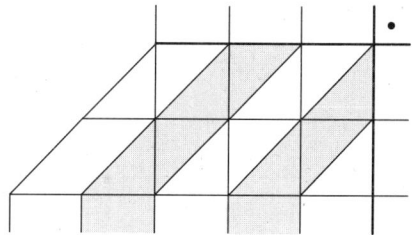

2 Multipliziere erst, addiere dann die beiden Ergebnisse.

a. 813 · 27 = _____   813 · 73 = _____

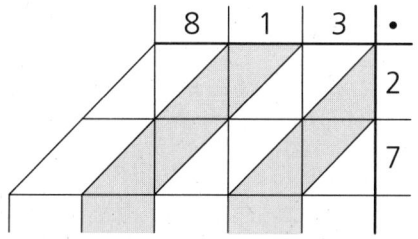 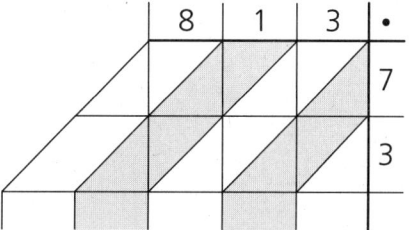

_____
+ _____
_____

b. 574 · 47 = _____   574 · 53 = _____

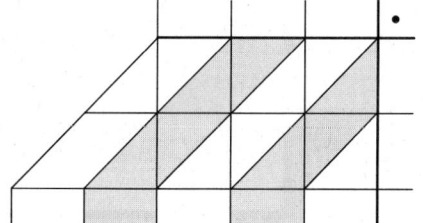 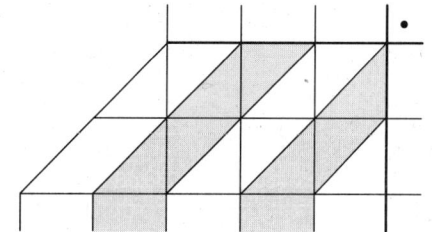

_____
+ _____
_____

zu Schülerbuchseite 46/47

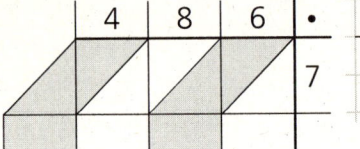

1 Multipliziere erst mit Malstreifen. Rechne dann kurz.

a. 4 8 6 · 7   486 · 7

b. 4 8 6 ·   486 · 14
         1
         4

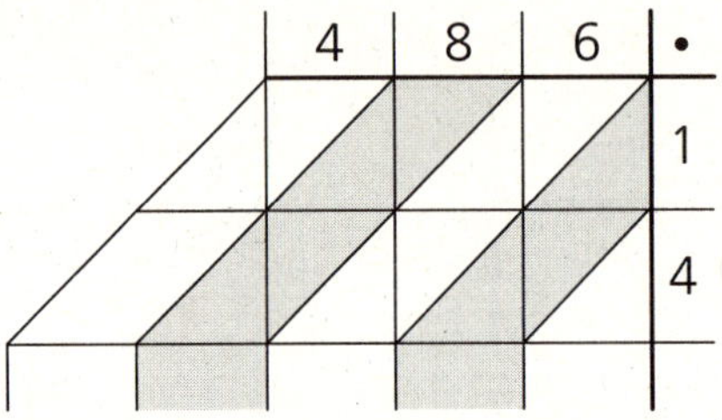

2 Rechne schriftlich.
a.   8 7 3 · 4 9   8 7 3 · 9 4   b.   3 8 6 · 6 7   3 8 6 · 7 6

3 a. 9 0 4 · 1 2 9   9 0 5 · 1 2 8   9 0 6 · 1 2 7   9 0 7 · 1 2 6

b. 3 7 4 · 5 3 7   3 7 5 · 5 3 8   3 7 6 · 5 3 9   3 7 7 · 5 4 0

4 Multipliziere erst, addiere dann die beiden Ergebnisse.
a.   8 5 8 · 2 7   8 5 8 · 7 3   b.   9 9 9 · 6 5   9 9 9 · 3 5

        +_____   +_____

5  Der Fernsehsender ARD stellt verschiedene Sendungen her. Die Herstellung der einzelnen Sendungen kostet unterschiedlich viel Geld.

Sendung	Kosten für 1 Sendemin.	Dauer der Sendung	Kosten für die Sendung
Tagesschau	6 487 DM	15 min	....
Sport	8 654 DM	30 min	....
Unterhaltung	11 323 DM	45 min	....
Wetter	3 136 DM	3 min	....

① Wie heißen diese Körper?

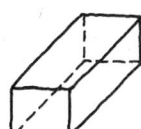 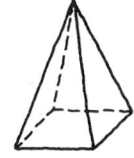  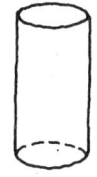  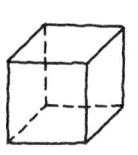

②

	Anzahl der Ecken	Anzahl der Kanten	Anzahl der Flächen	kann gut rollen	kann nicht gut rollen	hat eine Spitze
Kegel	1	1	2	–	X	X
Zylinder						
Pyramide						
Kugel						
Quader						
Würfel						

③ Verschiedene Länder – verschiedene Gebäude.
Welche Körper erkennst du in diesen Gebäuden wieder?

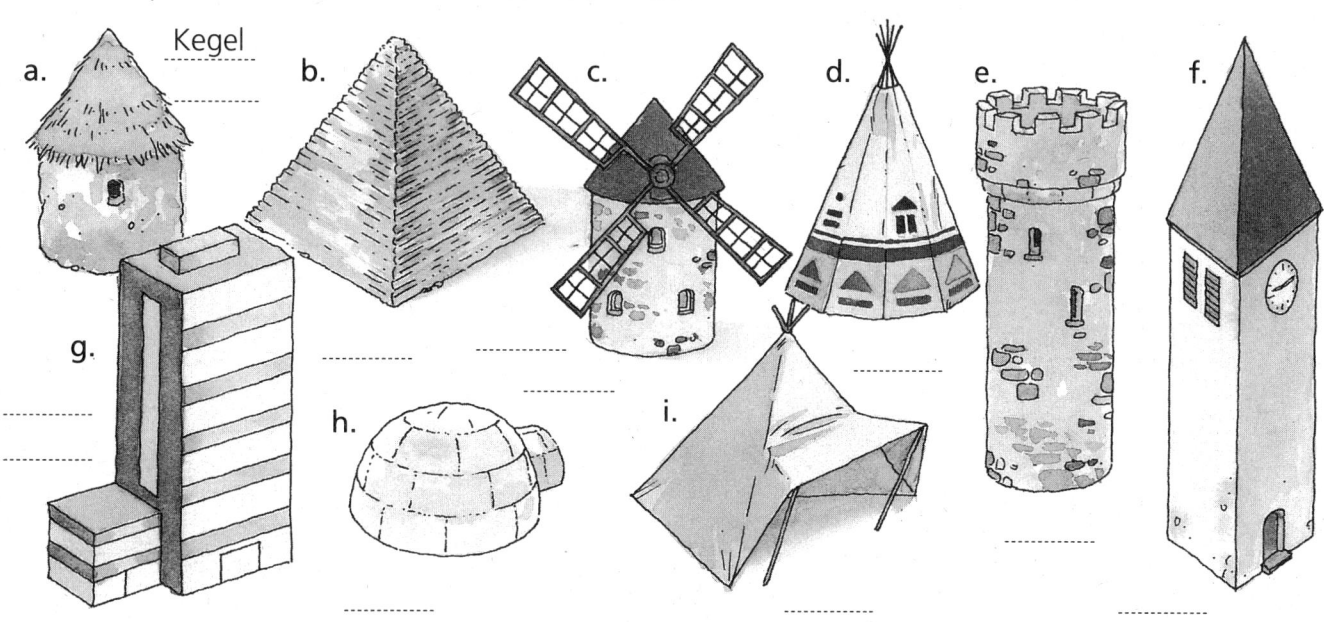

a. Kegel b. _____ c. _____ d. _____ e. _____ f. _____
g. _____ h. _____ i. _____

④ Wie viele?

 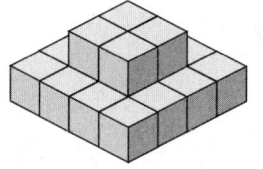 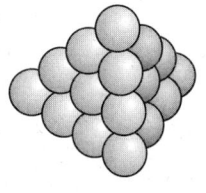 

_____ Würfel   _____ Würfel   _____ Kugeln   _____ Zylinder

zu Schülerbuchseite 50-53   XXII

1 Jedes Jahr nach den Eisheiligen (Mitte Mai) bepflanzen viele Leute ihre Balkonkästen mit Blumen. An einem Stand des Wochenmarktes verkauft eine Gärtnerin Hängefuchsien zu 1,80 DM und Hängegeranien zu 2,70 DM. Die Pflanzen kommen aus einem beheizten Gewächshaus.

a. Schreibe für beide Topfpflanzen eine Preisliste.

Fuchsien		Geranien	
Anzahl	Preis	Anzahl	Preis
1	1,80	1	2,70
2	3,60	2	
3		3	
4		4	
5		5	
6		6	
7		7	
8		8	
9		9	
10		10	

b. Valerija kauft 4 Fuchsien. Wie viel DM muss sie bezahlen?

----

c. Dorette möchte 3 Fuchsien und 4 Geranien kaufen. Reichen 20 DM?

----

d. Oleg kauft 12 Fuchsien und 15 Geranien. Er bezahlt mit einem 100-DM-Schein. Wie viel DM bekommt er zurück?

----

e. Christina muss für ihre Topfpflanzen 18 DM bezahlen. Welche Pflanzen kann sie gekauft haben?

----

2 Lisa kommt vom Einkauf zurück.
Oma bewundert ihr neues T-Shirt:
„Das ist aber toll, es hat sicher 50 DM gekostet!"
„Nein, Oma, es war billiger.
Wenn es noch einmal so viel und
noch den halben Preis dazu gekostet hätte,
dann wären es 50 DM gewesen.
Rat' mal, Oma, wie teuer das T-Shirt wirklich war."
Oma probiert:
„Waren es 40 DM? 40 DM + 40 DM + 20 DM = 100 DM. Nein!"
Probiere weiter!

XXIII

zu Schülerbuchseite 54/55

1 a. 80 : 4 = ___ 320 : 4 = ___ 720 : 8 = ___ 2 000 : 4 = ___ 4 800 : 8 = ___
8 000 : 4 = ___ 3 200 : 4 = ___ 7 200 : 8 = ___ 240 : 4 = ___ 320 : 8 = ___
8 080 : 4 = ___ 3 520 : 4 = ___ 7 272 : 8 = ___ 2 240 : 4 = ___ 5 120 : 8 = ___

b. 1 800 : 6 = ___ 450 : 9 = ___ 2 700 : 3 = ___ 4 500 : 5 = ___ 56 : 7 = ___
180 : 6 = ___ 4 500 : 9 = ___ 27 000 : 3 = ___ 350 : 5 = ___ 5 600 : 7 = ___
1 860 : 6 = ___ 4 950 : 9 = ___ 27 270 : 3 = ___ 4 850 : 5 = ___ 5 656 : 7 = ___

2 Rechne. Mache die Probe.

9 872 : 8 =   4 936 : 4 =   2 468 : 2 =

Probe:

3 Welche Ergebnisse müssen falsch sein? Welche können richtig sein?
Überprüfe mit einem Überschlag.

a. 4 329 : 9 = 48 Ü: 4 500 : 9 = 500   b. 31 892 : 4 = 8 973 Ü: ___
2 391 : 3 = 297 Ü: ___   2 712 : 4 = 678 Ü: ___
4 278 : 6 = 7 013 Ü: ___   5 424 : 8 = 678 Ü: ___
7 182 : 9 = 398 Ü: ___   33 048 : 8 = 431 Ü: ___
3 024 : 6 = 504 Ü: ___   20 444 : 4 = 5 111 Ü: ___

c. 4 844 : 7 =   67 Ü: ___   d. 53 240 : 5 = 1 648 Ü: ___
50 001 : 7 = 7 143 Ü: ___   5 240 : 5 = 1 048 Ü: ___
5 243 : 7 = 749 Ü: ___   3 990 : 5 = 798 Ü: ___
63 007 : 7 = 901 Ü: ___   19 995 : 5 = 5 999 Ü: ___
48 293 : 7 = 699 Ü: ___   25 525 : 5 = 5 100 Ü: ___

4 Ein Sportverein erhebt die Beiträge jährlich (180 DM),
halbjährlich (96 DM) oder vierteljährlich (54 DM).
Vergleiche.
Wie hoch ist etwa der Monatsbeitrag? ___

23

XXIV

1 Mitglieder des Deutschen Sportbundes 1994. Runde auf Tausender, überschlage und rechne genau.

a.
Nördliche Bundesländer		gerundet
Schleswig-Holstein	843 932	844 000
Mecklenburg-Vorpommern	143 746	....
Hamburg	445 566	....
Bremen	187 706	....
Niedersachsen	2 632 568	....
Summe		

b.
Östliche Bundesländer		gerundet
Sachsen-Anhalt	283 992	....
Brandenburg	277 588	....
Berlin	501 395	....
Thüringen	259 143	....
Sachsen	418 107	....
Summe		

c.
Südliche Bundesländer		gerundet
Baden-Württemberg	3 375 546	....
Bayern	3 926 610	....
Summe		

d.
Westliche Bundesländer		gerundet
Nordrhein-Westfalen	4 695 888	....
Rheinland-Pfalz	1 392 933	....
Saarland	436 017	....
Hessen	2 015 362	....
Summe		

e. Wie viele Mitglieder waren es in der gesamten Bundesrepublik Deutschland? Überschlage.

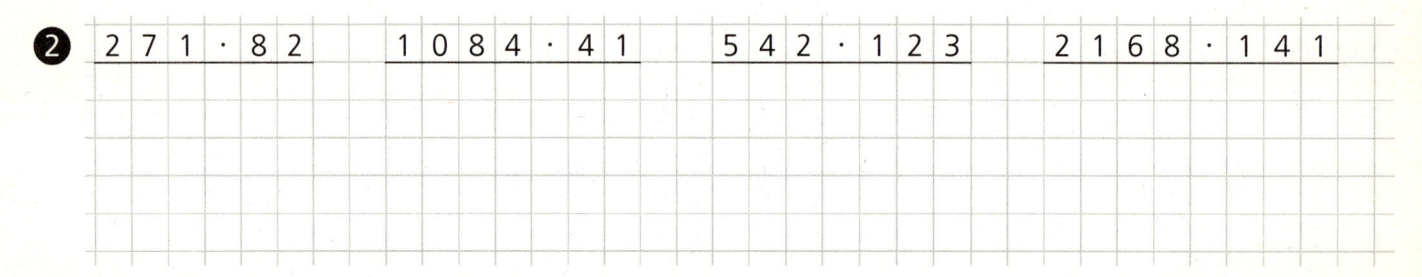

2 271 · 82   1 084 · 41   542 · 123   2 168 · 141

3 Welche Ergebnisse müssen falsch sein? Welche können richtig sein? Überprüfe mit einem Überschlag.

a. 510 · 32 = 12 300 ≠ Ü: 500 · 30 = 15 000
    350 · 51 = 22 850   Ü: ....
    297 · 12 = 2 964   Ü: ....
    304 · 52 = 15 808   Ü: ....
  2 150 · 29 = 62 350   Ü: ....

b. 3 950 · 41 = 130 950   Ü: ....
    809 · 19 = 20 071   Ü: ....
  1 125 · 99 = 102 575   Ü: ....
    705 · 21 = 14 805   Ü: ....
    499 · 49 = 29 951   Ü: ....

4 Rechne über die Million hinaus.

a. Start 25 —·2→ ...... —·5→ ...... —·10→ ...... —·2→ ...... —·5→ ...... —·10→ ...... —·2→ ...... —·5→ ...... Ziel

b. Start 25 —·1→ ...... —·2→ ...... —·4→ ...... —·6→ ...... —·8→ ...... —·10→ ...... —·20→ ...... Ziel

XXV

zu Schülerbuchseite 60/61

❶

In der Jugendherberge Brüggen kostet eine Übernachtung mit Vollpension für Kinder ab 6 Jahren 33,40 DM. Erwachsene zahlen 37,40 DM.

Wie viel DM kosten 2, 3, … , 10 Tage?
Lege eine Tabelle an.

Anzahl der Tage	Preis in DM Kinder	Preis in DM Erwachsene
1	33,40	37,40
2		
3		
4		
5		
6		
7		
8		
9		
10		

❷ Überschlage erst, rechne dann genau.

a. 3,89 DM · 9 = _____
Ü: 4 DM · 9 = _____

```
3,8 9 · 9
```

b. 39,89 DM · 9 = _____
Ü: _____

```
3 9,8 9 · 9
```

c. 390,89 DM · 9 = _____
Ü: _____

```
3 9 0,8 9 · 9
```

d. 65,87 DM · 2 = _____
Ü: _____

```
6 5,8 7 · 2
```

e. 65,87 DM · 4 = _____
Ü: _____

```
6 5,8 7 · 4
```

f. 65,87 DM · 6 = _____
Ü: _____

```
6 5,8 7 · 6
```

❸

187,241 kg · 8 = _____
Ü: _____

```
1 8 7,2 4 1 · 8
```

374,482 kg · 4 = _____
Ü: _____

```
3 7 4,4 8 2 · 4
```

748,964 kg · 2 = _____
Ü: _____

```
7 4 8,9 6 4 · 2
```

zu Schülerbuchseite 62/63 — XXVI

Zeichne weiter. Benutze Zirkel und Geodreieck. Färbe.

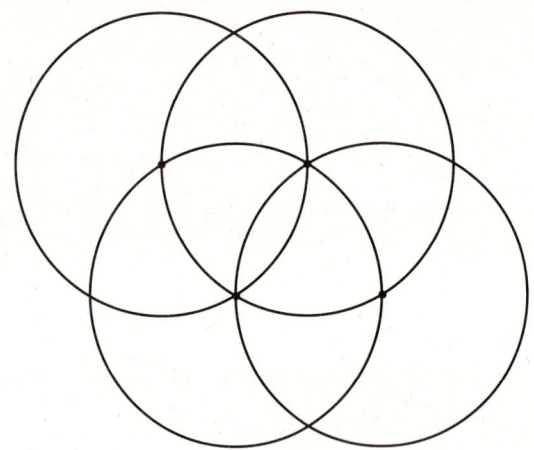

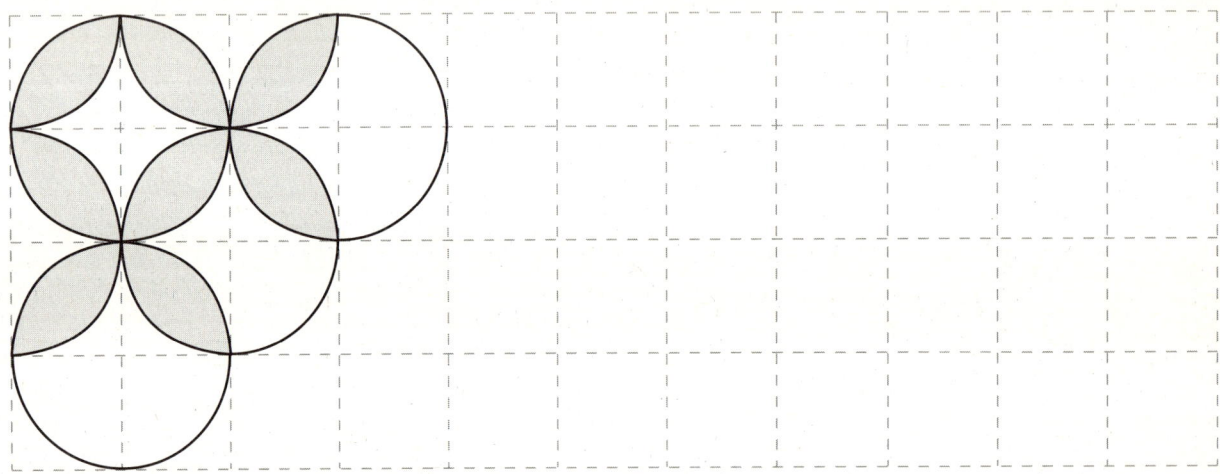

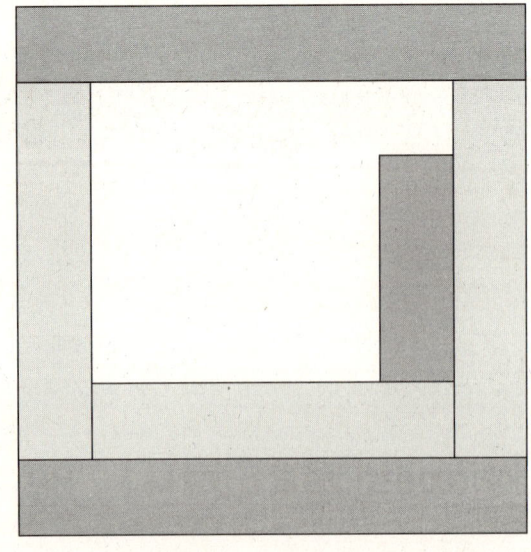

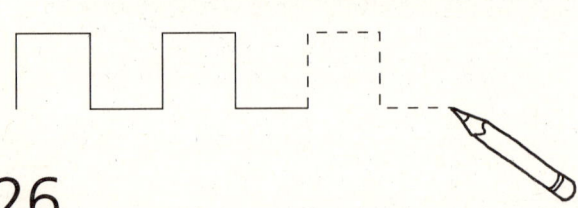

XXVII

zu Schülerbuchseite 64/65

1   5 2 7 5 : 3 =   7 0 3 5 : 4 =

           P: P:

2 a. 40,76 DM : 4 = _____   50,95 DM : 5 = _____   30,57 DM : 3 = _____

   4 0,7 6 : 4 =   5 0,9 5 : 5 =   3 0,5 7 : 3 =

        P: P: P:

b. 7,640 km : 4 = _____   5,455 km : 5 = _____   0,573 km : 3 = _____

   7,6 4 0 : 4 =   5,4 5 5 : 5 =   0,5 7 3 : 3 =

        P: P: P:

3   315   364   385   442   462   572   663   731   819   840

Welche Zahlen sind ohne Rest
durch 2 teilbar? _____
durch 3 teilbar? _____
durch 4 teilbar? _____
durch 6 teilbar? _____
durch 9 teilbar? _____

4 In Wüstengebieten braucht ein Mensch 5 bis 8 l Wasser am Tag.
Für eine 9-tägige Wüstenexpedition hat ein Kamerateam von 4 Leuten 320 l Wasser in Kanistern mit.
Ist das genug Wasser?

_____

27

XXVIII

1  **Unsere Angebote heute**

Qualitätsglühbirnen (60 Watt, 100 Watt)	2,79 DM	Gummilitze (6 m lang)	3,75 DM
Stabbatterien 1,5 Volt	1,98 DM	Zahnpasta (100 ml)	3,15 DM
Schnürsenkel, Länge 120 cm	2,49 DM	Zahnbürste	2,85 DM
Schuhcreme (schwarz, braun, farblos)	2,49 DM	Seife (Blitzblank)	1,79 DM

a.
```
NON FOOD
3 × ZAHNBÜRSTE   8.55
2 × ZAHNPASTA    _.__
4 × BATTERIE     _.__
5 × GLÜHBIRNE    _.__
2 × SEIFE        _.__
  TOTAL DM       _.__
VIELEN DANK FÜR IHREN
EINKAUF!
```
Überschlag:
9 DM
+ ____
+ ____
+ ____
+ ____
____

2,85 · 3
8,55

b.
```
NON FOOD
6 × GLÜHBIRNE    _.__
5 × BATTERIE     _.__
3 × SCHUHCREME   _.__
1 × SCHNÜRSEN.   _.__
1 × GUMMILITZE   _.__
  TOTAL DM       _.__
VIELEN DANK FÜR IHREN
EINKAUF!
```
Überschlag:
____
+ ____
+ ____
+ ____
+ ____
____

2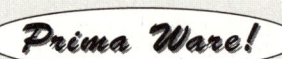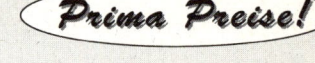

Fleischwurst 1 kg 14,00 DM   Salami 1 kg 24,00 DM
             100 g 1,40 DM   100 g 2,40 DM

Berechne die Preise für Fleischwurst.

a. 1000 g kosten _____   b. 100 g kosten _____
    500 g kosten _____   200 g kosten _____
    250 g kosten _____   50 g kosten _____
    125 g kosten _____   25 g kosten _____

c. Wie teuer sind folgende Mengen?
   675 g Fleischwurst
   275 g Fleischwurst

3 Schreibe eine Preistabelle für Salami.

1000 g	500 g	400 g	300 g	250 g	200 g	100 g	50 g	10 g
24,00 DM						2,40 DM		

zu Schülerbuchseite 72/73

XXIX

1

A

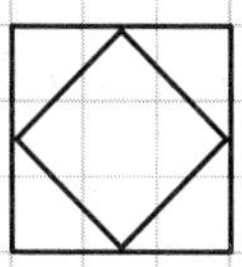

a. Vergrößere die Figur A im Maßstab 3:1.

b. Verkleinere die Figur A im Maßstab 1:3.

2

B

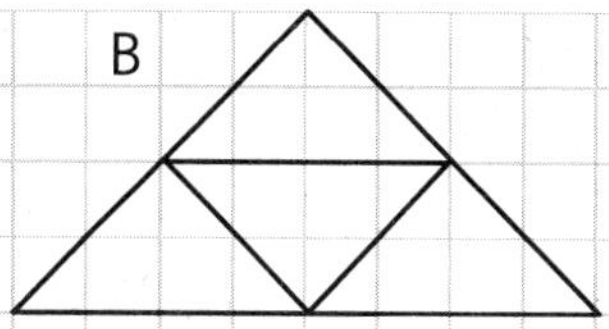

a. Vergrößere die Figur B im Maßstab 2:1.

b. Verkleinere die Figur B im Maßstab 1:2.

3 Die Entwicklung eines Wasserfrosches.

a. Wie groß ist der Frosch in den einzelnen Entwicklungsstadien in Wirklichkeit?
Maßstab 2:1

Laichklumpen

gemessen: _____
in Wirklichkeit: _____

Larve direkt nach dem Schlüpfen

gemessen: _____
in Wirklichkeit: _____

Kaulquappe

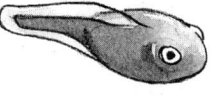

gemessen: _____
in Wirklichkeit: _____

Ausgewachsene Kaulquappe mit Hinterbeinen

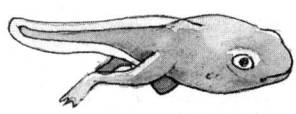

gemessen: _____   in Wirklichkeit: _____

b. Der erwachsene Frosch wird etwa 8 cm groß.
Wie groß müsste man ihn im Maßstab 2:1 zeichnen?

_____

zu Schülerbuchseite 74/75

❶ Welche Rechenkette gehört zu welchem Zahlenrätsel?

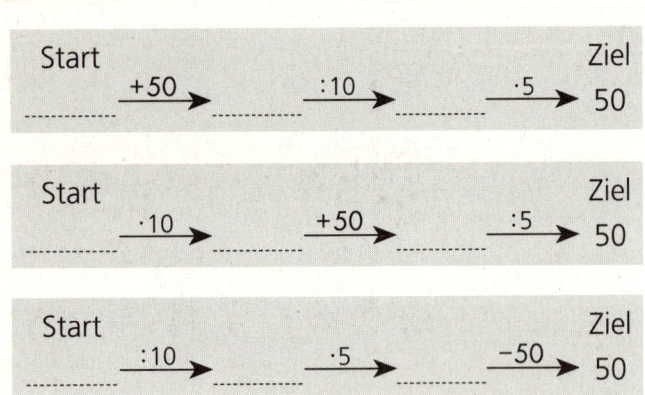

Ich denke mir eine Zahl, dividiere sie durch 10, multipliziere mit 5, subtrahiere 50 und erhalte die Zahl 50.

Ich denke mir eine Zahl, multipliziere sie mit 10, addiere 50, dividiere durch 5 und erhalte die Zahl 50.

Ich denke mir eine Zahl, addiere 50, dividiere durch 10, multipliziere mit 5 und erhalte die Zahl 50.

❷ Rechne und schreibe das Zahlenrätsel auf.

Start ──·10→ ──−50→ ──:5→ Ziel 50

Ich denke mir eine Zahl,
_____
_____
_____

❸ Welche Zahl von 0 bis 9 kann x sein?

a. $x \cdot 50 < 410$ b. $x \cdot 700 > 2\,400$ c. $350 < x \cdot 60 < 500$

❹ Vergleiche. < oder = oder > ?

a. 4 · 300 ▇ 1 500   b. 3 000 : 5 ▇ 1 000   c. 20 · 500 ▇ 10 000   d. 400 · 0 ▇ 400
    5 · 300 ▇ 1 500   3 000 : 4 ▇ 1 000   25 · 250 ▇ 10 000   400 : 1 ▇ 400
    6 · 300 ▇ 1 500   3 000 : 3 ▇ 1 000   50 · 200 ▇ 10 000   400 · 1 ▇ 400

❺ In einer Geldbörse sind 4 Geldscheine.
Zusammen sind es mehr als 200 DM, aber weniger als 500 DM.
Wie viel Geld kann es sein?

_____

zu Schülerbuchseite 76/77

Zeichne regelmäßige Vielecke.
Wie lang ist bei jedem Vieleck die Summe der Seitenlängen (Umfang)?

Dreieck
60 : 3 = 20

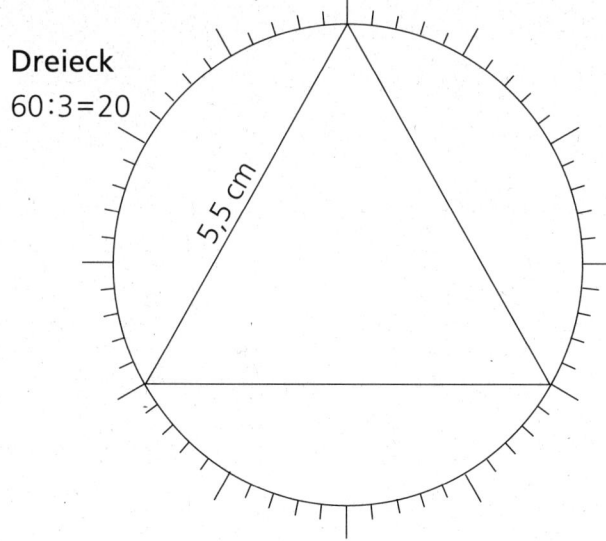

Umfang: 3 · 5,5 cm = _____ cm

Viereck

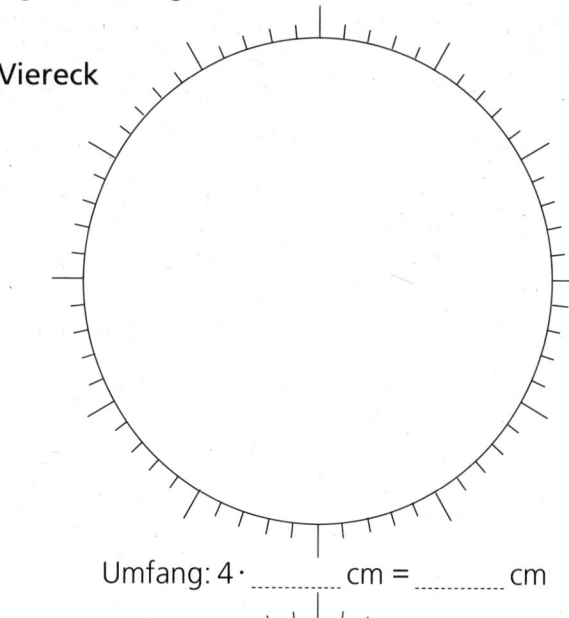

Umfang: 4 · _____ cm = _____ cm

Fünfeck

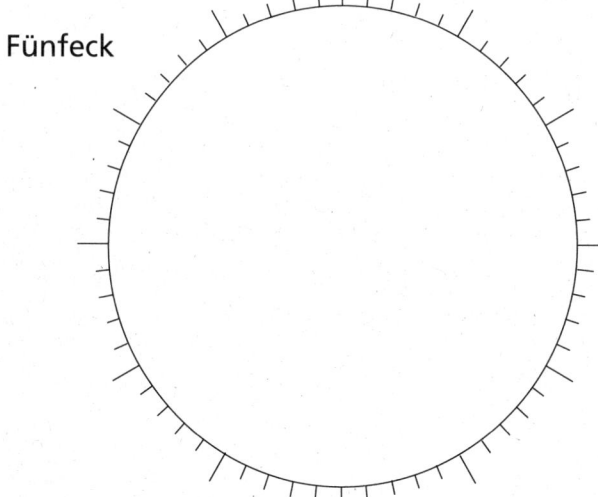

Umfang: 5 · _____ cm = _____ cm

Sechseck

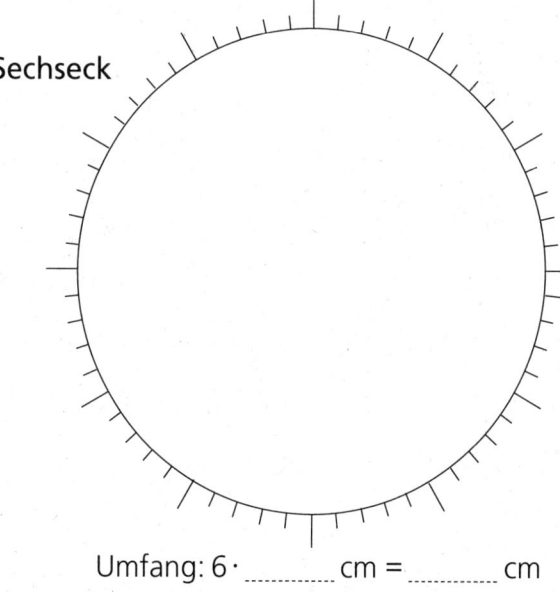

Umfang: 6 · _____ cm = _____ cm

Achteck

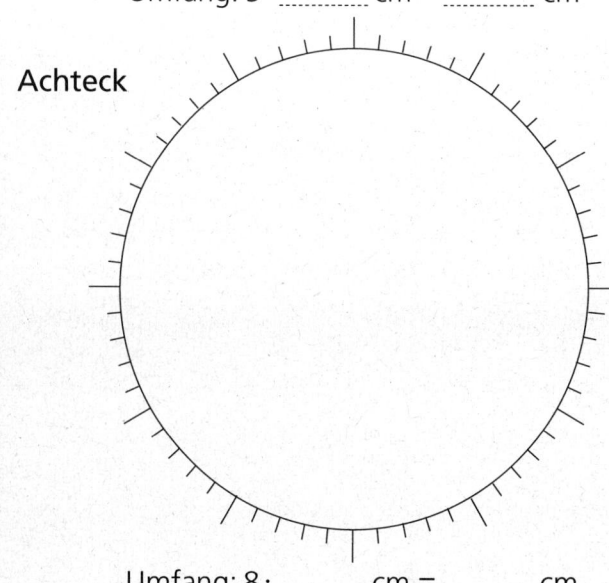

Umfang: 8 · _____ cm = _____ cm

Zehneck

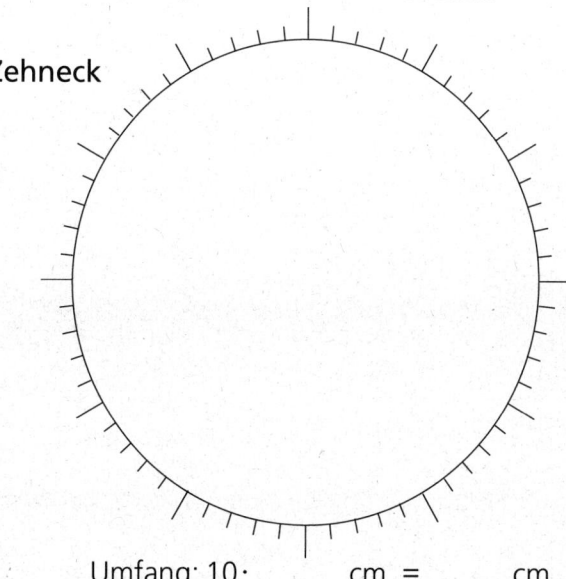

Umfang: 10 · _____ cm = _____ cm

zu Schülerbuchseite 78

XXXII

1
2736 : 6 =   27360 : 6 =   27360 : 60 =

2
1476 : 4 =   14760 : 40 =   14760 : 20 =

3
2808 : 9 =   28080 : 90 =   28080 : 30 =

4 Frau Neumann hat im Lotto 136 500 DM gewonnen.
Wie viele Scheine wären es jeweils?

a.  -Scheine   b.  -Scheine   c.  -Scheine

5 Wie viel DM sind 1 Million  -Stücke?

6 Wie viele Tage ungefähr sind 1 Million Sekunden?

32

XXXIII

zu Schülerbuchseite 79

1 a. (27 + 13) · 2 = 40 · 2 = _____
   27 + 13 · 2 = _____

b. (72 − 16) : 2 = _____
   72 − 16 : 2 = _____

c. (88 − 44) · 2 = _____
   88 − 44 · 2 = _____

d. (30 : 2) · 3 = _____
   30 : (2 · 3) = _____

e. (12 · 6) : 3 = _____
   12 · (6 : 3) = _____

f. (49 : 7) : 7 = _____
   49 : (7 : 7) = _____

2 a. 7 · 3 + 13 · 3 = _____
   (7 + 13) · 3 = _____

b. 11 · 5 + 7 · 5 = _____
   (11 + 7) · 5 = _____

c. 19 · 4 + 6 · 4 = _____
   (19 + 6) · 4 = _____

d. 22 · 2 + 18 · 2 = _____
   (22 + 18) · 2 = _____

e. 12 · 7 + 8 · 7 = _____
   (12 + 8) · 7 = _____

f. 37 · 2 + 8 · 2 = _____
   (37 + 8) · 2 = _____

3 a. (47 − 2) · (6 − 2) = 45 · 4 = 180
   (20 − 2) · (11 − 1) = _____
   (40 − 8) · (10 − 5) = _____
   (43 − 3) · (10 − 6) = _____
   (87 + 3) · (7 − 5) = _____

b. (143 + 17) : (9 − 7) = _____
   (193 + 47) : (8 − 5) = _____
   (108 + 12) : (11 − 9) = _____
   (241 + 59) : (17 − 12) = _____
   (431 + 169) : (17 − 7) = _____

4 a. (14 m + 16 m) · 2 = _____
   2 · (98 m + 22 m) = _____
   (130 m + 70 m) : 4 = _____
   (118 m + 62 m) : 3 = _____

b. (35 DM − 15 DM) : 2 = _____
   (66 DM − 36 DM) : 3 = _____
   4 · (93 DM − 88 DM) = _____
   (51 DM − 47 DM) · 5 = _____

c. 2 · (26 kg + 4 kg) = _____
   (97 kg + 23 kg) : 2 = _____
   (12 kg + 8 kg) · 3 = _____
   4 · (33 kg − 18 kg) = _____

5 a. (4 + 4) : (4 + 4) = _____
   (4 · 4) : (4 + 4) = _____
   (4 + 4 + 4) : 4 = _____
   4 + (4 − 4) · 4 = _____
   Versuche, fortzusetzen.

b. (4 : 4) + 4 = _____
   (4 + 4) : 4 + 4 = _____
   (4 + 4) − (4 : 4) = _____
   4 · 4 − (4 + 4) = _____

c. 4 + 4 + (4 : 4) = _____
   (4 + 4) : 4 + 4 + 4 = _____
   (4 + 4 + 4) − (4 : 4) = _____
   (4 · 4) − 4 = _____

6 Nur Vieren sind erlaubt!

_____ = 15   _____ = 16   _____ = 17

7 Der Matrose Hein arbeitet an seinem Schiff. Er sitzt 3,50 m über der Wasseroberfläche und streicht das Schiff. Die Flut steigt um 2,80 m. Weißt du, wie hoch Hein nun über dem Wasser sitzt?

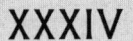

Grundvorstellungen zum Zahlenraum

1 a. Zähle in Hunderterschritten weiter. Beschrifte die Zahlenreihe.

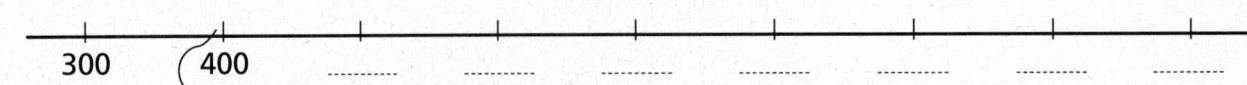

300   400   ___   ___   ___   ___   ___   ___

b. Zeichne: Wo ungefähr liegen die Zahlen 396, 555, 725, 989, 1 002?

c. Zähle in Hunderttausenderschritten weiter. Beschrifte die Zahlenreihe.

300 000   400 000   ___   ___   ___   ___   ___   ___

d. Zeichne: Wo ungefähr liegen die Zahlen 396 000, 500 055, 725 000, 900 089, 1 002 000?

2 a. Immer 1 000   Immer 1 000 000   b. Immer 100   Immer 100 000
925 + ___   925 000 + ___   25 + ___   25 000 + ___
850 + ___   850 000 + ___   30 + ___   35 000 + ___
720 + ___   720 000 + ___   40 + ___   50 000 + ___
610 + ___   610 000 + ___   75 + ___   75 000 + ___
490 + ___   490 000 + ___   85 + ___   80 000 + ___

3 Rechne mit Tausendern wie mit Einern.

a. 158   158T   b. 537   537T   c. 804   804T   d. 950   950T
  + 88   + 88T   +252   +252T   −348   −348T   −296   −296T

4 Auf und ab in der Million.

Start 1 →·5→ 5 →·2→ ___ →·5→ ___ →·2→ ___ →·5→ ___ →·2→ ___ Ziel

Start 1 000 →·5→ ___ →·2→ ___ →·5→ ___ →·2→ ___ →·5→ ___ →·2→ ___ Ziel

Start 1 000 000 →:5→ ___ →:5→ ___ →:5→ ___ →:5→ ___ →:5→ ___ →:5→ ___ Ziel

Start 1 000 000 →:2→ ___ →:5→ ___ →:5→ ___ →:2→ ___ →:5→ ___ →:2→ ___ Ziel

5 a.
Zahl	62 500	125 000	250 000	500 000
Zahl · 2				

b.
Zahl	800 000	400 000	200 000	100 000
Zahl : 2				

6 Wie viele Fünfer?

10 = ___ · 5   100 = ___ · 5   1 000 = ___ · 5   1 000 000 = ___ · 5

XXXV Abschließende Wiederholung

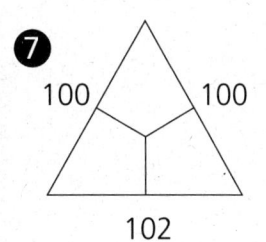

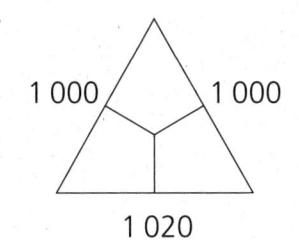

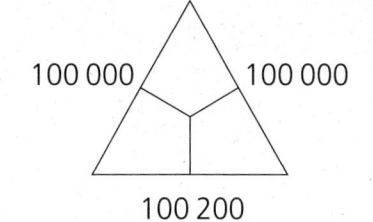

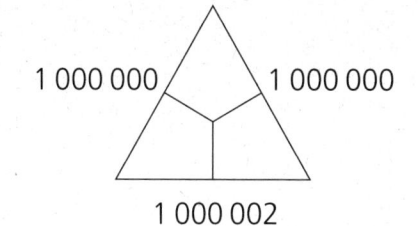

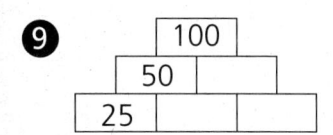

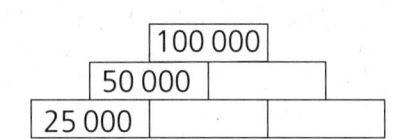

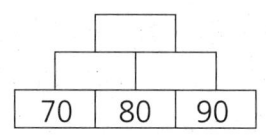

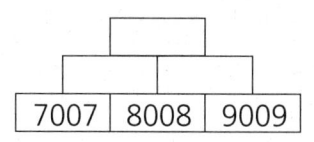

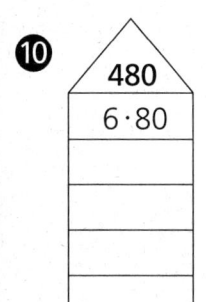

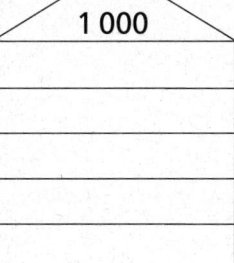

7
Triangles: (100, 100, 102), (1000, 1000, 1020), (100 000, 100 000, 100 200), (1 000 000, 1 000 000, 1 000 002)

8
100 : 5 =	1 000 000 : 4 =	1 000 000 : 2 =	100 : 3 = 33 + 1 : 3
1 000 : 5 =	100 000 : 4 =	100 000 : 2 =	1 000 : 3 =
10 000 : 5 =	10 000 : 4 =	10 000 : 2 =	10 000 : 3 =
100 000 : 5 =	1 000 : 4 =	1 000 : 2 =	100 000 : 3 =
1 000 000 : 5 =	100 : 4 =	100 : 2 =	1 000 000 : 3 =

9
Pyramid 1: top 100, middle 50, bottom 25 _ _
Pyramid 2: top 100 000, middle 50 000, bottom 25 000 _ _
Pyramid 3: top _ , bottom 70, 80, 90
Pyramid 4: top _ , bottom 7007, 8008, 9009

10
Houses with tops: 480 (6·80), 4 800, 48 000

11
40 000 · 6 =
4 000 · 6 =
400 · 6 =   4 000 · 60 =
40 · 6 =   400 · 60 =
4 · 6 =   40 · 60 =   400 · 600 =
4 · 60 =   40 · 600 =
6 · 400 =   40 · 6 000 =
4 · 6 000 =
4 · 60 000 =

12
House 1: top 1 000 000, 20 · 50 000
House 2: top 1 000
House 3: top 100

Grundfertigkeiten im Kopfrechnen

1 Zählen in Schritten

100, 200, _____, _____, _____   250, 500, _____, _____, _____
1 000, 2 000, _____, _____, _____   2 500, 5 000, _____, _____, _____
100 000, 200 000, _____, _____, _____   250 000, 500 000, _____, _____, _____

1 000, 980, _____, _____, _____   5 000, 4 995, _____, _____, _____
10 000, 9 980, _____, _____, _____   50 000, 49 500, _____, _____, _____
100 000, 99 980, _____, _____, _____   500 000, 499 500, _____, _____, _____

2 Ergänzen

Immer 100	Immer 1 000	Immer 10 000	Immer 100 000	Immer 1 000 000
60 + ___	600 + ___	6 000 + ___	56 000 + ___	560 000 + ___
75 + ___	750 + ___	7 500 + ___	37 500 + ___	375 000 + ___
45 + ___	450 + ___	4 500 + ___	84 500 + ___	845 000 + ___
92 + ___	920 + ___	9 200 + ___	49 200 + ___	492 000 + ___
29 + ___	290 + ___	2 900 + ___	62 900 + ___	629 000 + ___

3 Verdoppeln und Halbieren

Zahl	100	110	120	10 000	11 000	12 000	330	660	330 000	660 000
das Doppelte										

Zahl	500	700	900	500 000	700 000	900 000	550	570	550 000	570 000
die Hälfte										

4 Leichte Plus- und Minusaufgaben

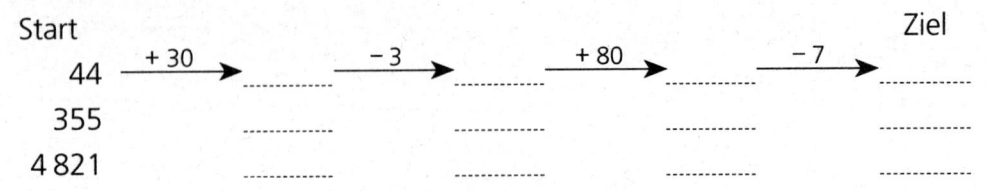

Start → +30 → −3 → +80 → −7 → Ziel

44 → _____ → _____ → _____ → _____
355 → _____ → _____ → _____ → _____
4 821 → _____ → _____ → _____ → _____

Start → +30 000 → −3 000 → +80 000 → −7 000 → Ziel

33 000 → _____ → _____ → _____ → _____
288 000 → _____ → _____ → _____ → _____
797 000 → _____ → _____ → _____ → _____

5 Subtraktion von Stufenzahlen

1 000 − 1 = _____   1 000 − 10 = _____   1 000 − 100 = _____   1 000 − 1 000 = _____
10 000 − 1 = _____   10 000 − 10 = _____   10 000 − 100 = _____   10 000 − 1 000 = _____
100 000 − 1 = _____   100 000 − 10 = _____   100 000 − 100 = _____   100 000 − 1 000 = _____

XXXVII Abschließende Wiederholung

6 Zehner-, Hunderter-, Tausender-Einmaleins

4 · 5 =	3 · 6 =	7 · 3 =	9 · 8 =	6 · 4 =
4 · 50 =	3 · 6 000 =	7 · 300 =	9 · 80 =	6 · 4 000 =
4 · 500 =	3 · 60 =	7 · 30 =	9 · 8 000 =	6 · 40 =
4 · 5 000 =	3 · 600 =	7 · 3 000 =	9 · 800 =	6 · 400 =

2 · 9 =	8 · 2 =	6 · 9 =	5 · 7 =	8 · 6 =
2 · 90 =	8 · 2 000 =	6 · 900 =	5 · 70 =	8 · 6 000 =
2 · 900 =	8 · 20 =	6 · 90 =	5 · 7 000 =	8 · 600 =
2 · 9 000 =	8 · 200 =	6 · 9 000 =	5 · 700 =	8 · 60 =

7 Leichte Divisionsaufgaben

36 : 4 =	40 : 5 =	48 : 6 =	42 : 7 =	56 : 8 =
360 : 4 =	400 : 5 =	4 800 : 6 =	420 : 7 =	560 : 80 =
360 : 40 =	400 : 50 =	480 : 60 =	4 200 : 7 =	560 : 8 =
3 600 : 4 =	4 000 : 5 =	480 : 6 =	420 : 70 =	5 600 : 8 =

16 : 2 =	27 : 3 =	32 : 8 =	72 : 9 =	25 : 5 =
160 : 2 =	270 : 3 =	3 200 : 8 =	720 : 9 =	250 : 50 =
160 : 20 =	270 : 30 =	320 : 80 =	7 200 : 9 =	250 : 5 =
1 600 : 2 =	2 700 : 3 =	320 : 8 =	720 : 90 =	2 500 : 5 =

8 Zehner mal Zehner

4 · 4 =	4 · 6 =	8 · 8 =	20 · 50 =	30 · 70 =	0 · 90 =
4 · 40 =	4 · 60 =	8 · 80 =	60 · 50 =	40 · 70 =	10 · 90 =
40 · 40 =	40 · 60 =	80 · 80 =	80 · 50 =	70 · 70 =	90 · 90 =

9 Stellen-Einmaleins

1 000 · 1 =	1 000 · 10 =	1 000 · 100 =	10 000 · 100 =
100 · 10 =	100 · 100 =	1 000 · 1 000 =	10 000 · 10 =
10 · 100 =	10 · 1 000 =	100 · 1 000 =	100 000 · 10 =

10 Überschlag

365 · 3 ≈ 1 000	748 · 5 ≈	874 · 7 ≈	425 · 6 ≈
365 : 3 ≈	748 : 5 ≈	874 : 7 ≈	425 : 6 ≈
365 + 128 ≈	748 + 569 ≈	874 + 247 ≈	425 + 341 ≈
365 − 128 ≈	748 − 569 ≈	874 − 247 ≈	425 − 341 ≈

Abschließende Wiederholung XXXVIII

Grundrechenarten

In jedem Päckchen passt eine Aufgabe nicht.
Wie kannst du die Aufgabe verändern, damit sie passt?
Finde weitere Aufgaben, die zu dem Muster passen.

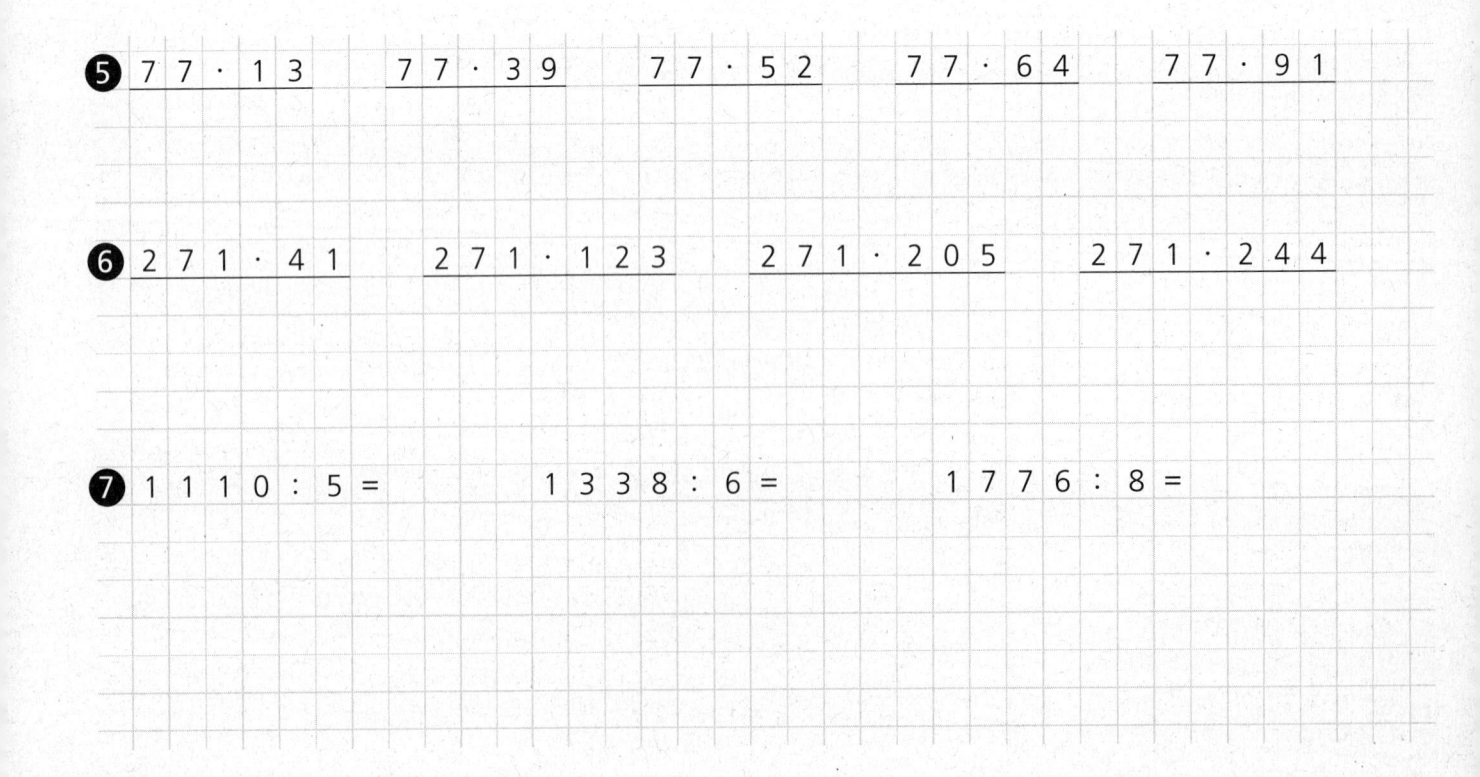

1
- 462 + 539
- 958 + 1 044
- 1 375 + 1 618
- 2 950 + 1 054
- 2 446 + 2 559
- ___ + ___
- ___ + ___

2
- 7 539 + 4 782
- 13 094 + 10 338
- 18 649 + 15 994
- 24 204 + 21 450
- 29 759 + 27 006
- ___ + ___
- ___ + ___

3
- 1 156 − 823
- 1 621 − 1 172
- 2 381 − 1 826
- 35 210 − 34 544
- 2 103 − 1 215
- ___ − ___
- ___ − ___

4
- 86 868 − 68 686
- 74 747 − 57 474
- 95 959 − 59 595
- 54 545 − 45 454
- 61 616 − 16 161
- ___ − ___
- ___ − ___

5 77 · 13   77 · 39   77 · 52   77 · 64   77 · 91

6 271 · 41   271 · 123   271 · 205   271 · 244

7 1 110 : 5 =   1 338 : 6 =   1 776 : 8 =

Abschließende Wiederholung

Auch hier passt jeweils eine Aufgabe nicht.
Verändere sie und finde weitere Aufgaben.

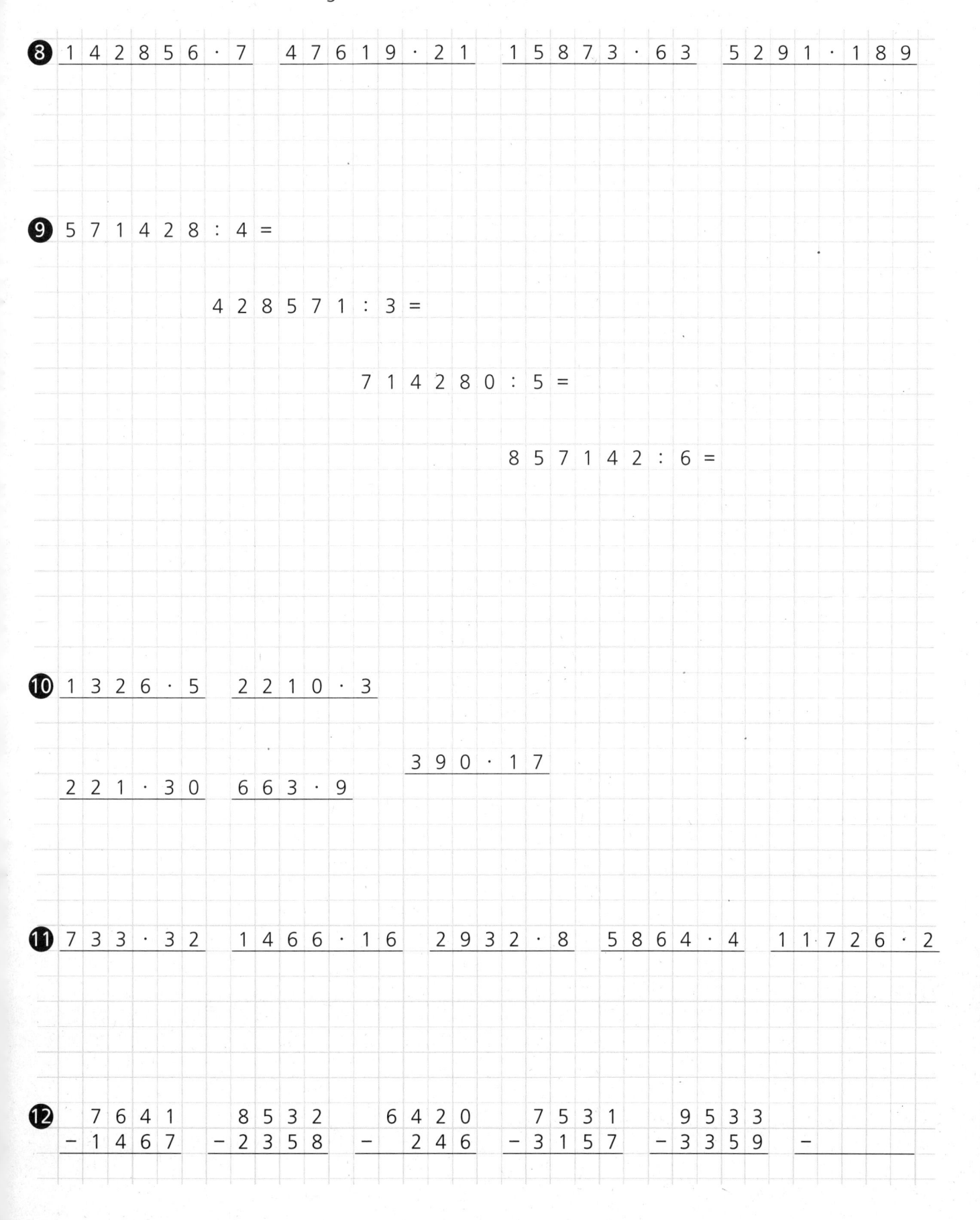

❽ 142856 · 7   47619 · 21   15873 · 63   5291 · 189

❾ 571428 : 4 =

   428571 : 3 =

   714280 : 5 =

   857142 : 6 =

❿ 1326 · 5   2210 · 3

   221 · 30   663 · 9   390 · 17

⓫ 733 · 32   1466 · 16   2932 · 8   5864 · 4   11726 · 2

⓬   7641   8532   6420   7531   9533
     − 1467   − 2358   − 246   − 3157   − 3359   −

Abschließende Wiederholung — XL

Grundkonstruktionen

1 a. Miss die Strecken.

$\overline{AB}$ = ... $\overline{DB}$ = ...

$\overline{AK}$ = ... $\overline{DF}$ = ...

$\overline{AD}$ = ... $\overline{DE}$ = ...

$\overline{AH}$ = ... $\overline{FG}$ = ...

$\overline{HK}$ = ... $\overline{HI}$ = ...

Was fällt dir auf?

Die Teile des Tangramspieles sind durch Halbieren entstanden.

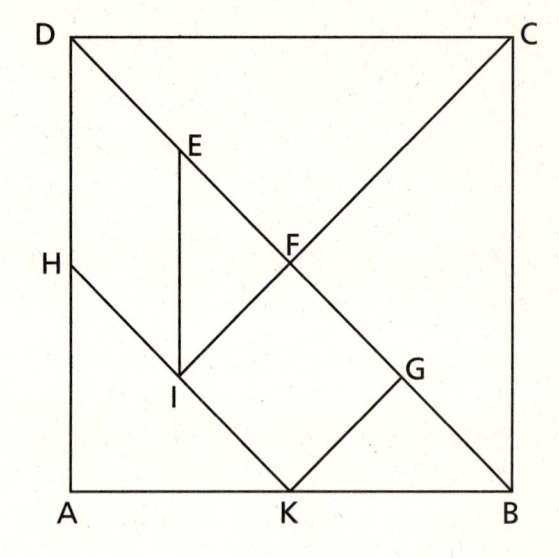

b. Suche rechte Winkel in dem Spiel und kennzeichne sie mit ⌐. Benutze dein Geodreieck.

2 Zeichne ein eigenes Tangramspiel.
Zeichne zuerst ein Quadrat mit der Seitenlänge 12 cm.

XLI Abschließende Wiederholung

3 a.

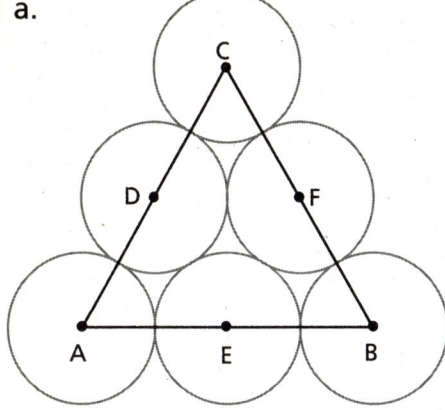

Miss die Länge der Strecken:
$\overline{AB} = \overline{BC} = \overline{AC} =$ ....
$\overline{AD} = \overline{DC} =$ ....

Miss in den Kreisen:
Durchmesser = ...
Radius = ...

Was fällt dir auf?

b. Zeichne ebenso 6 Kreise.

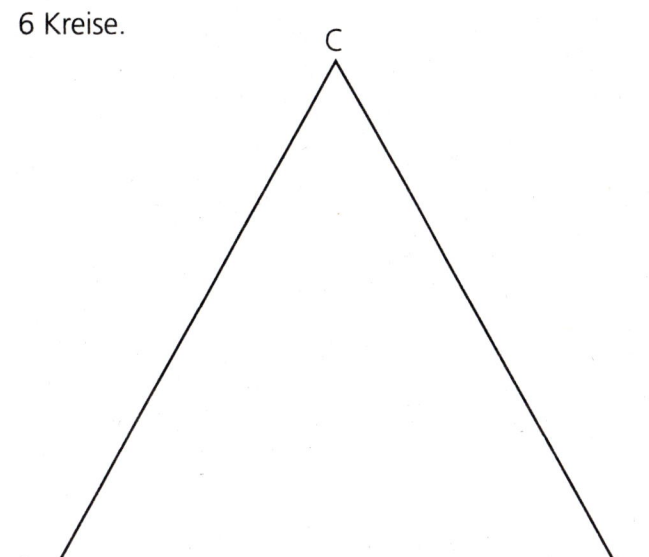

4 a.

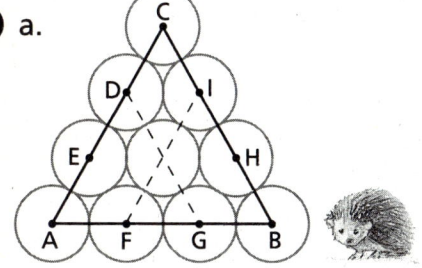

Miss die Länge der Strecken:
$\overline{AB} = \overline{BC} = \overline{AC} =$ ....
$\overline{AE} = \overline{ED} = \overline{DC} =$ ....

Miss in den Kreisen:
Durchmesser = ...
Radius = ...

Was fällt dir auf?

b. Zeichne ebenso 10 Kreise.

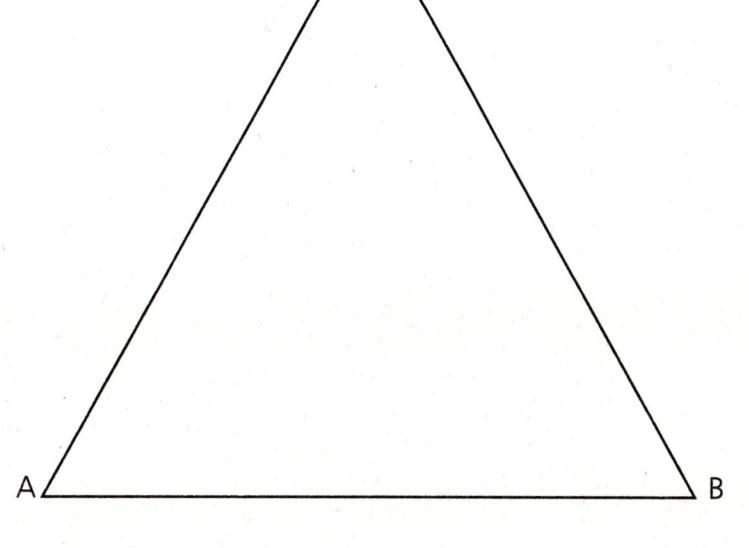

41

Abschließende Wiederholung — XLII

Grundvorstellungen über Größen

Längen

❶ Schätze mit Hilfe von anderen Längen.

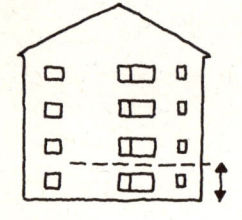

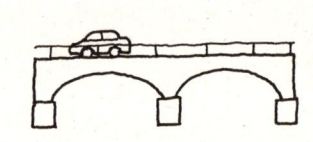

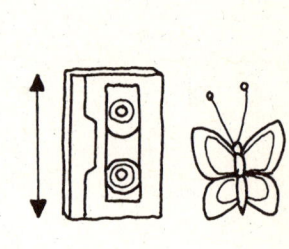

Haushöhe: ≈ ___ m Brückenlänge: ≈ ___ m Köln – Berlin: ≈ ___ km Schmetterling: ≈ ___ cm
Stockwerk: ≈ 3–4 m Auto: ≈ 4–5 m Flensburg – Zugspitze: ≈ 1 000 km Tonkassette: ≈ 10 cm

❷ Im Wettkampf läufst du eine 50-m-Strecke.
Vergleiche mit den olympischen Laufstrecken.

100 m = 2 · 50 m   800 m = ___ · 50 m   3 000 m = ___ · 50 m   Marathon
200 m = ___ · 50 m   1 000 m = ___ · 50 m   5 000 m = ___ · 50 m   42 198 m ≈ ___ · 50 m
400 m = ___ · 50 m   2 000 m = ___ · 50 m   10 000 m = ___ · 50 m

Gewichte

❶ ≈ 180 g ≈ 150 g ≈ 200 g ≈ 90 g ≈ 60 g

Die Verkäuferin möchte von jeder Obstsorte 1 kg abwiegen. Überlege die ungefähre Anzahl.

1 kg Bananen ≈ ___ Stück   1 kg Birnen ≈ ___ Stück   1 kg große Pflaumen ≈ ___ Stück
1 kg Tomaten ≈ ___ Stück   1 kg Äpfel ≈ ___ Stück

❷ 100 g einer Wurstsorte sind etwa 6 Scheiben.
Wie viel g etwa wiegt eine Scheibe? _____

❸ Ein ausgewachsenes Gorillaweibchen wiegt etwa 80 kg.
Ein neugeborenes Gorillababy etwa 2 kg.
Die Mutter ist also 40-mal so schwer. Rechne ebenso:

Tier	Gewicht der Mutter	Geburtsgewicht des Babys	Mutter ist ...-mal so schwer
Blauwal	120 t	2 t	___
Zwergfledermaus	5 g	1 g	___
Mensch	60 kg	3 000 g	___
Elefant	4,5 t	100 kg	___
Känguru	26 kg	1 g (im Beutel)	___
Eisbär	0,3 t	600 g	___

42

Abschließende Wiederholung

Rauminhalte

1

| 500 ml | 250 ml | 100 ml | 50 ml | 25 ml | 10 ml | 5 ml |

Immer 1 Liter

500 ml · 2   100 ml · _____   25 ml · _____   5 ml · _____

250 ml · _____   50 ml · _____   10 ml · _____

2 In einer großen Kanne sind 5 l Kakao.
In eine große Tasse passen $\frac{1}{4}$ l = 250 ml.
Wie viele Tassen lassen sich mit der Kanne füllen? _____

3 Der Arzt verschreibt 500 ml Medizin.
Es sollen 4-mal täglich je 20 ml eingenommen werden.
Für wie viele Tage reicht die Medizin? _____

4 In einem Kasten sind 12 Limoflaschen.
In jeder Flasche sind 0,7 l = 700 ml.
a. Wie viel Liter sind in einem Kasten? _____
b. In ein großes Glas passen 0,2 l = 200 ml.
Wie viele Gläser lassen sich mit einem Kasten füllen? _____

Flächen

Fliesen gibt es in unterschiedlichen Größen.
Wie viele Fliesen einer Größe passen jeweils in ein Meterquadrat?
Überlege und rechne.

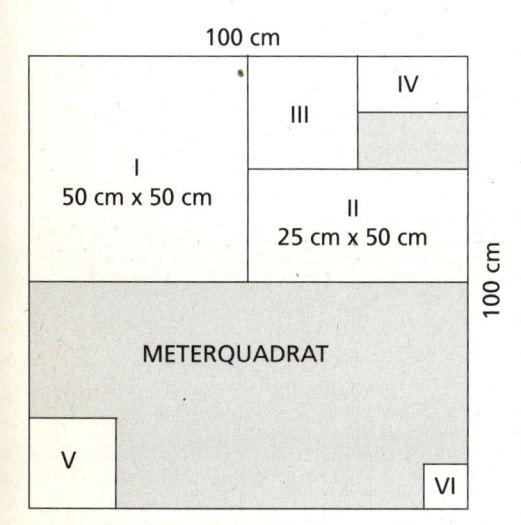

Fliese		Anzahl der Fliesen im Meterquadrat
Größe I	(50 cm x 50 cm)	4
Größe II	(25 cm x 50 cm)	
Größe III	(25 cm x 25 cm)	
Größe IV	(12,5 cm x 25 cm)	
Größe V	(20 cm x 20 cm)	
Größe VI	(10 cm x 10 cm)	

Abschließende Wiederholung — XLIV

Grundlegende Lösungswege für Sachaufgaben

1 Frau Schaller verkauft an der Kasse eines Museums Eintrittskarten. Die erste Karte am Morgen hatte die Nummer 597, die letzte am Nachmittag hatte die Nummer 912. Wie viele Karten hat sie verkauft?

....

2 Am Anfang des Jahres hatte eine Stadt 40 923 Einwohner.
Im Laufe des Jahres wurden 239 Kinder geboren.
Es starben 386 Einwohner.
Außerdem zogen 6 452 Personen neu zu.
5 876 Personen zogen von dort weg.
Wie viele Einwohner lebten am Jahresende in der Stadt? ....

3 Frau Stechlin kauft ein neues Auto für 26 650 DM.
Für ihr altes Auto gibt ihr der Händler 4 800 DM.
Wie viel DM muss Frau Stechlin dem Händler noch zahlen? ....
Wie viel Benzin verbraucht ihr Auto? ....

4 Ein Fernsehmonteur fuhr um 14.10 Uhr zu einem Kunden.
Die Reparatur dauert bis 17.40 Uhr.
Pro Arbeitsstunde berechnete er 84 DM, für die Fahrt 16 DM.
Wie teuer war die Reparatur? ....

5 Eine Jugendgruppe mit 8 Mitgliedern unternimmt einen dreitägigen Ausflug.
Für Fahrt und Übernachtung entstehen Kosten von 744 DM.
Wie viel DM muss jeder bezahlen? ....

6 Zum Rockkonzert kamen 10 520 Besucher.
Die Karte kostete 52 DM.
Wie hoch waren die Einnahmen? ....
Wie laut war die Musik? ....

7 Ein Autobahnkreuz ist etwa 280 m lang und 260 m breit.
   a. Wie viele Meterquadrate sind das? ....
   b. Wie viele Klassenzimmer mit etwa 70 Meterquadraten hätten dort Platz? ....

44

XLV Abschließende Wiederholung

8 Auf einem Bahnhof fahren um 9.40 Uhr zwei Züge ab.
Sie fahren in entgegengesetzte Richtungen.
Der eine fährt pro Stunde 100 km,
der andere fährt pro Stunde 80 km.
Wie weit sind die Züge
nach $1\frac{1}{2}$ Stunden Fahrzeit voneinander entfernt? ....

9 Ein Airbus der Deutschen Lufthansa benötigt für die etwa
7 000 km lange Strecke von Düsseldorf nach New-York etwa 8 Stunden.
Wie viele km legt er
durchschnittlich in einer Stunde zurück? ....

10 In einer großen Konzerthalle sind schon 26 Reihen mit Stühlen aufgestellt.
In Reihe 1–15 stehen je 24 Stühle,
in Reihe 16–26 je 28 Stühle.
Es werden aber 1 100 Besucher erwartet.
   a. Wie viele weitere Stühle müssen noch
      herbeigeschafft werden? ....
   b. Wie viele Reihen mit 30 und
      wie viele Reihen mit 32 Stühlen ergibt das? ....

11 Aus einem alten Rechenbuch von 1600:

> 21 Personen – Männer und Frauen – haben
> in einem Gasthaus gespeist und getrunken.
> Jeder Mann musste dem Wirt 5 Pfennige,
> jede Frau 3 Pfennige bezahlen.
> Zusammen haben sie 81 Pfennige bezahlt.
> Wie viele Männer und Frauen sind es gewesen?

Überlege und probiere.

12 In einem Geldbeutel sind 3 Geldscheine
und 3 Silbermünzen.
Zusammen sind es 176 DM.
Welche Scheine und Münzen können es sein? ....

13 Kennst du jemanden, der
   a. 1000 Stunden,   c. 1000 Wochen,
   b. 1000 Tage,   d. 1000 Monate alt ist?

....

Spiele mit dem Taschenrechner   XLVI

Zahlen treffen

Start **77**

a. Tippe 77 ein.
Du darfst nur + 7 oder − 11 rechnen, aber sooft du willst. Versuche das Ziel zu erreichen.

Ziel **100**

Start **33**

b. Tippe 33 ein.
Du darfst nur + 6 oder − 3 rechnen, aber sooft du willst. Versuche das Ziel zu erreichen.

Ziel **48**

Möglichst nahe an

a. Bilde aus den Ziffern 1 bis 9 zwei zweistellige Zahlen und multipliziere sie. Wie kannst du möglichst nahe herankommen
an 1 000? _____
an 2 000? _____
an 8 400? _____

b. Bilde aus den Ziffern 1 bis 9 zwei dreistellige Zahlen und multipliziere sie. Wie kannst du möglichst nahe herankommen
an 100 000? _____
an 200 000? _____
an 840 000? _____

Zahlen vorhersagen

a. Tippe 25 367 + 1 ein.
Drücke immer wieder =.
Kannst du vor dem Drücken vorhersagen, welche Zahl du erhältst?

b. Verfahre ebenso mit:
25 367 + 10
25 367 − 10
25 367 + 100
25 367 + 1 000
25 367 + 10 000
25 367 + 100 000

c. Geht es auch
mit 25 367 · 1 ?
mit 25 367 · 10 ?
mit 25 367 : 1 ?
mit 25 367 : 10 ?

d. Probiere auch andere Aufgaben.